饕书客

一 个 人 ， 遇 见 一 本 书

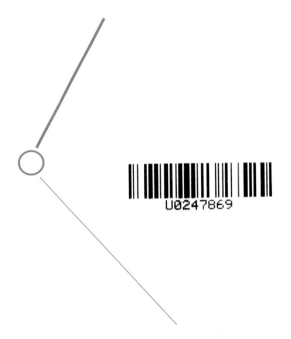

U0247869

陈杰·李洁○著

日本味儿
日本の食文化

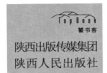

陕西出版传媒集团
陕西人民出版社

吃货自述
代前言

很巧的是，写下这本书的第一句的时候正好是 2012 年 12 月 21 日——"食芥末日"。在这个特殊的日子，听着窗外的雨声，捧着杯热咖啡，突然觉得冬至必须吃点什么，于是老妈整了两段年糕，加了两勺白糖，一裹就进了口，咬下去糖和年糕迸出交融的味儿，甜混合着糯直接沁到胃里。这味儿立刻让我想起了前几天看过的电影《联合舰队司令长官山本五十六》里，山本在长门号上大嚼的那"长冈特产"水馒头。那满满的一钵头晶莹剔透的玩意儿其实是葛粉，里面一般还包着馅料，夏天吃这个会很不错，凉凉的，带着爽口的感觉，不过像剧中的山本那样加几大勺子白糖倒也真有点"重口味"。此时，突然觉得其实天下美食，大多有相通之处，不管是哪里的人，什么肤色，什么种族，舌头的构造其实都一样，对于美食的认知恐怕也都相差无几吧。

吾人生而被归入"吃货"的行列，从小时候开始就对"吃"这一道表现出异乎寻常的兴趣。不过那时候无论是条件还是经济实力都相当有限，于是便变着法儿满足自己的口腹之欲。相信许多人和我有一样的经历：小时候偷偷从外婆的粉丝中拔出那么一根，从正在咕噜作响的开水锅底下小心翼翼地探进煤炉的火焰中，"哧啦"一声响，抽出来的就是一根黑焦的粉丝条，一口下去，那焦香的味儿直透鼻翼，唯一的小缺憾就是太细了，不怎么过瘾。小时候的另一个记忆是外婆家做的糖蘸实心包子，十岁小孩的拳头大小，底部蘸上糖，吃着嘎吱嘎吱响，又糯又甜。冬天的腊笋烧肉也是一绝，上好的五花肉，三分肥七分瘦，配上江南特有的腊笋，满满一大盆儿，腊笋的鲜味都沁进了猪肉里，带出了猪肉的香味，热腾腾地端上来，不过那个时候嗜肉如命，我和弟弟往往会把肉全挑光，留下一锅子腊笋。而奶奶家的特色菜

则是锤扁土豆，要找那小颗的圆土豆，先水煮，再敲扁，下油锅煎至金黄，略撒盐花，吃下去的时候香里带着一种不均匀的咸味，比现在大街上卖的薯条薯片美味。

到了工作的时候，很不幸地，周围聚集着一群"吃货"，于是，隔三岔五地出去大吃大喝就成为常态。而每到一地也必然去试试这里最有名的吃的玩意儿。到了海南，一群人都在大嚼海鲜，狂灌椰子汁；到了西安，下车就奔着回民街找那羊肉泡馍去了；到了兰州，少不了来上一碗正宗的兰州拉面。有那么一段时间，快到家的时候，超级想吃点儿葱包桧儿之类的东西填填肚子，所以又会中途跑进附近的菜市场寻找隐藏在深处的美食摊儿。

至于日本料理，似乎是除了"国产"美食以外的个人最爱，现在想来，最重要的是它比起又甜又油腻的西式餐点来，更符合同为亚洲人的中国人的口感吧。在炎热的夏天，口感清爽的寿司和刺身无疑是消暑的好选择；而数九寒天的时候，吃上配料满满的一碗日式拉面，或者一大碗拌着照烧鸡块的白米饭，一种温暖感觉就油然而生了。

其实美食有时候真的很简单，用不着专门上某烹饪学校去学。早上起来，烧开一锅水，打入两个蛋，用勺子兜成形，煮到恰好流黄的时候捞出，然后倒入一点点生抽，就是一道绝佳的早点。下午煮一小杯咖啡，加上两三片蛋糕，就是一顿非常惬意的下午茶了。美食可以很简单，但不简单的，却是凝聚在美食中的文化。

陈杰

目录

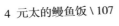

1

被鱼加持的

米饭——寿司

1

保存鱼的秘诀

时逢腊月，家里的窗台上沿和阳台上都挂满了各式各样的腊味和酱物。用盐保存食物是中国古代人流传下来的智慧，而南方一到寒冬腊月，家家户户免不了做一些咸肉、酱鸭，这已经成为过冬的一大传统。看到每家每户门前拉了一根晾竿儿，用挂钩挂起的几串子酱鸭、咸肉在寒风中瑟瑟晃动，江南的年味儿就出来了。这里面有一味儿叫酱鱼，从做法到成品，完全可以列为黑暗料理界的最高神作，但口感却毫无违和感。

在下曾目睹制作酱鱼的全过程，第一招就是技术活。一般剖鱼都从鱼腹柔软处下手，酱鱼则反其道而行之，取鲜活乱跳的肥美黑鲫鱼，以利刀刺入其背，划开以后取出内脏，挖去红鳃，用清水洗净血污。接着就是重点，取一大盆，倒上满满的酱油，加上糖、茴香等物（特别提醒：依据个人口味添加调料，如喜吃辣，可以加入适当辣椒），将剖开洗净的生鱼浸入泛着冷光并散着浓香的酱汁中，浸泡二至三日，待整条鱼身染上一层鲜亮的酱色时捞起，用一根竹签将鱼身撑起，挂至通风处阴干即可。保存时就置于坛中，放上白酒。吃时拿出来，加一点白酒提味，上锅一蒸，酱香会溢满狭小的厨房。这鱼，完全没有了河鱼特有的腥味，肉质有韧感，入口有回甘，寒冷冬天最适合吃这样热腾腾的腊味。

打住，说了半天的酱鱼，这和日本料理有什么关系？酱鱼也可做寿司么？如果有人告诉你，寿司最早和酱鱼一样，不过是保存鱼的一种方式，你会不会觉得是天方夜谭？

寿司当然要吃新鲜的了！记得2010年的时候，我飞去日本，在大阪关西机场降落时已是当地时间下午5点，正是觅食的时间。到了下榻宾馆，时近7点，幸运地发现附近有一家大型的超级市场，走进去溜达了一圈，一眼就看中了冷藏柜里那一盒盒的寿司，品种多样，制作精美，看着就很有食欲（特别是对正饿着肚子的人来说）。拿起来一看，上面贴着两张价格标签，上面的那张是下面那张的6折左右，饿肚子再遇上大减价，这简直是再好不过的事情。后来才知道，原来日本对熟食的管理很严格，当天制作的寿司当天必须售完，卖不掉的，到了晚上就会打折出售，越晚折扣越高，再卖不掉，就只有倒掉销毁了。

听起来是种很浪费的行为吧？如果寿司像酱鱼那样挂三天再吃，那味儿谁都受不了，而且很可能具有和巴豆相同的疗效。既然如此，酱鱼和寿司这两个完全不是一路子的

鱼寿司

东西到底有什么关联呢？这必须从"寿司"两个字说起。

汉语中有许多外来语的音译词，如"坦克"、"俱乐部"等等，这些是直接用外语的读音转译成汉字。很少人知道，其实"寿司"也是个音译词，它是日语すし的音译，就读作"SUSHI"，这个字严格而言写成汉字的话是"鮨"或者"鮓"，走到日本的寿司店里，经常会在招牌或门帘上看到"鮨"或者"鮓"字。真要了解这两个字是什么意思，恐怕要求诸中国人自己的古籍了。

翻检《康熙字典》，对于"鮨"这个字是这样解释的："鮨，鮓属也。"下面又把《尔雅》和《说文解字》里对这个字的意思标了出来。《尔雅·释器》写道："肉谓之羹，鱼谓之鮨。"而《说文解字》写道："鱼脂酱也。"（另一说指的是鲔鱼）东汉人刘熙的《释名》里写得更明白一点："鮓，菹也，以盐米酿鱼以为菹，熟而食之也。"

书袋掉完了，从刘熙的那句话里面，我们终于看到寿司的两大要素出现了——米和鱼。按照刘熙的说法，所谓的"鮓"就是用盐和米发酵把鱼肉酿制好，然后蒸熟了吃。这好像就是前面提到的酱鱼，只不过酱鱼用的是盐和米的另一种形式——酱油和白酒。

　　当然，十指不沾阳春水的文人是不会把食物的制作方式写得很详细的，我们再求助于古代的一位农学专家 —— 北魏的贾思勰，在他的农学巨著《齐民要术》里面用了整整一节专门写怎么样做"鲊"。

　　贾思勰的这段文字，从一个专业人士的角度出发，为吃货们详解保存鱼的办法，他说："凡作鲊，春秋为时，冬夏不佳。"因为冬天太冷，难熟，夏天太热，食物易腐败，要做鲊只能多放盐，盐多就会损害食物原本的鲜味，而且夏天还容易生蛆，所以春秋两季最适合做鲊。做鲊的鱼要求是生鲜的鲤鱼，当然要大鱼比较好，但必须满足一个条件 —— 瘦，因为肥鱼不耐久放。将鱼去鳞，切成长二寸、宽一寸、厚五分的小块，浸入水中去血污，再用清水洗净，放盘中，撒盐，然后放入笼中，在平板石上放置，滴尽盐水。

　　做到这一步，鱼的腌制过程基本结束了。下一步就是要做保存鱼的"糁"。糁其实就是米饭发酵物，贾思勰特别交代了两个关键：其一，在鱼腌制完滴尽水后，要先炙一片品尝一下咸淡，太咸就直接下"糁"，太淡就要在"糁"里再加盐。其二，做"糁"的米饭，不可以煮得太软，要煮硬一点，软米饭反而容易腐败。米饭煮完后，加上茱萸、橘皮、酒混合后就做成了"糁"。在坛子里铺一层"糁"，再铺一层鱼，切记把鱼肚腹部分肥美的肉块放在最上面，保证这些容易腐坏的肥肉（鱼腹）先被吃掉。最后在坛口放八层叶子（竹叶和箬叶、芦叶等），用竹签插上，置阴凉干燥处。泛出红浆的时候就要将红浆倒出，等到泛出白浆的时候，鲊也就完成了。

介绍到最后，贾思勰还不忘记交代一句食用秘诀："食时手擘，刀切则腥。"千万千万要用手撕着吃啊！

在这段文字的下面还有一大堆让人看着流口水的各类鲊的制作方法，比如用荷叶包裹鱼和"糁"制作成的"暴鲊"，食用的时候有着荷叶的清香。还有用猪肉代替鱼做成猪肉鲊，食用的时候可以配姜、蒜，当然最好的是用炙，也就是烧烤。

从《齐民要术》的表述来看，我们可以怀疑前面所说的酱鱼其实也是鲊的一种衍生物。很有意思的是，这种保存鱼的方式随着中日文化交流的开启，被遣唐使和唐日之间的商人带往东瀛，在古老的日本生根发芽了。

日本718年制定的《养老律令》中第一次出现了"鲊"和"鮨"这两个字。《养老律令》可不是专门针对养老的法律，这一法律的名字源自当年的年号——718年为日本元正天皇养老二年。这部法律是以中国唐朝的律令为蓝本制定而成，在日本实行律令制，所以，在这个用"舶来品"制作的法律里出现各种"舶来品"也不奇怪了。在该法的《赋役令》的第一条中规定了农民必须要缴纳的"调"。日本当时移植了唐朝的均田制，在土地属于国家的前提下，将土地分给农民租种，农民必须向国家缴纳租种土地的一定量收成米，称为"租"，并服劳役，如免劳役则必须缴纳布、绵、米、盐等物代役，称为"庸"，此外还必须缴纳织物，称为"调"。日本的"调"和唐朝又有所不同，除了布、丝织品等以外，还规定了34种地方特产，也可以作为"调"征收，其中就出现了"鳆鲊"、"贻贝鲊"、"杂鮨"这三样东西。后世研究者认为所谓的"鲊"就是把鱼用米饭和食盐一起腌制以后用重物压实发酵而成的一种食物，"鮨"也大致如此。

既然"鲊"或者"鮨"是将鱼用米饭发酵，它的口感大家大致可以猜测得到，米饭发酵以后就酿成了酒，而酒再存放一段时间变成什么呢？没错，就是醋！从"醋"这个字的组合就可以知道这玩意儿怎么来的，从"酉"从"昔"，摆明了告诉人们醋就是"昔日的酒"，就是放久了的酒。这股醋味儿渗到了鱼里，让鱼也带了一点儿酸酸的口感，古日语中把"酸的"叫作"SUSHI",所以这玩意儿就被读成"SUSHI"了。

2
从"鲊"到"早寿司"

《养老律令》诞生的年代是日本的奈良时代（710—794），当时日本的首都位于现在的奈良，称为"平城京"。奈良是一个地处山间的城市，在奈良附近，最有名的山就是拥有延历寺的比叡山，而相比之下，平城京附近的河流就比较少了。大家都知道，古代交通运输，最方便也最廉价的是水路运输，一般的大城市都依水而兴。作为日本的首都，随着人口的增长，平城京不利运输的缺点越来越暴露出来，迁都已经成为必须提上日程的一件事。

城市是不会出产粮食的，特别是大城市，对粮食运输有极度的依赖。中国唐朝的首都长安城就是例子。在唐朝初年，江南一带的米粮全赖大运河运输到洛阳一带，从洛阳到长安的河道却因为黄河、渭河的泥沙而时常淤塞。所以唐朝的皇帝和大臣经常携家带口狼狈不堪地从"西京"长安赶到"东都"洛阳去吃饭，这就是历史上有名的"就食东都"。唐朝这几位皇帝也得了个不太好听的名字——"逐粮皇帝"。

洛中洛外图（描绘战国时代平安京的图屏风，此为右部分，以大内里为中心的部分）

箱寿司

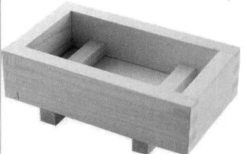

日本木制箱寿司模

皇帝也是人，也靠吃五谷杂粮活着，吃不了饭的皇帝也会死——梁武帝就是例子。

日本天皇也不例外。住在完全模仿唐朝长安城修筑的平城京，天皇也感觉到了饿肚子的危机。所以在延历三年（784），日本的桓武天皇就公布了一个迁都计划，把都城迁移到距离平城京北面大约40公里的长冈，这里有桂川、宇治川和淀川三条河流，交通十分便利。但是，大规模营建的长冈京此后并没有成为首都。桓武天皇和他的同母弟，也是皇位继承人的早良亲王之间发生了一场你死我活的政治斗争，最后，早良亲王成为失败者并死在流放途中。奇怪的是，早良亲王的死令天皇从此诸事不顺，国内天灾人祸不断，阴阳师一占卜，认为是冤死的早良亲王的"怨灵"作祟，这可吓坏了整个朝廷。于是在延历十三年（794），桓武天皇匆匆离开还在工地状态就被"怨灵"所笼罩的长冈京，再次迁都，到达平安京（即今天的日本京都一带）。从此，这座青龙、白虎、朱雀、玄武四灵镇护封杀怨灵的新城市成为日本的首都，"平安时代"自此开始。

平安京一样是一个水运便利的城市，各地缴纳上来的食物通过都城附近的水路源源不断地往城里送，豢养着那群如《源氏物语》中所描写的饱食终日、无所事事，只能尔虞我诈、风花雪月过日子的贵族。这群人要有多幸福就有多幸福，当时的宫中女官清少纳言写的《枕草子》开头的一段至今还被人当成"品质生活"的典型到处引用："春天是破晓的时候（最好）……夏天是夜里（最好）……秋天是傍晚（最好）……冬天是早晨（最好）……"只有最闲适的人才有这个心情去总结这种"四时的情趣"，忙忙碌碌的上班族哪有这工夫欣赏呀。

把鱼弄进这个城市供这些追求生活品质的贵族们享用也是件异常重要的事情，要知道，在佛教传进日本以后，由于不杀生的戒律，古代日本人很少吃肉，上层贵族更是不碰肉食，甚至认为吃肉是野蛮的武士或盗贼才会去做的下贱事情。但鱼是例外。在平安时代，那群弱不禁风到夏怕阳光冬怕冷的贵族们全靠从鱼里面汲取那一点儿蛋白质和脂肪。当然，平安京四处不靠海，最近的淡水鱼出产点在近江的琵琶湖，要吃海鱼则要自濑户内海从今天的大阪一带顺着水路或陆路运进来，所以保存鱼就变成一件很重要的事情了，总不能让左大臣、右大臣们吃臭咸鱼吧！"鲊"和"鮨"就这样变得重要起来。

在平安时代中期的延长五年（927）所编撰的《延喜式》里，我们又能看到"鲊"和"鮨"频繁出现在进贡品的名单里。很有意思的是，根据日本学者的调查研究，这种当初的进贡品竟然至今还存在于琵琶湖畔的滋贺县。当地的渔民把琵琶湖里春天捕捞上来的又肥又大的"似五郎"（"五郎"者，鲤鱼也；"似五郎"者，鲫鱼像鲤鱼那样大也）洗净，取其中有籽并且相对更肥大的，刮鳞，去内脏和鳃，内外抹上盐，放在木桶里以重石压三个月。三个月以后，正值夏初，拿出这条"咸鱼"洗净，用水适当浸去咸味，用米饭铺底，上面铺一层鱼，再铺一层米饭……也就是用两层米饭夹一层鱼的方法放满一桶，再压上重石，放置在阴凉处让米和鱼一起发酵，到第二年过年的时候，就是能拿出来享用的美食了。切记：只吃鱼，不吃米。

平安时代的京都贵族吃的就是这样的"鱼饭寿司"，这种师法贾思勰的东西具有酸酸的口感，偶尔带点儿臭味，但就好比中国的臭豆腐，闻着臭吃着香，大批大批的"鱼饭寿司"每年就从京都附近的琵琶湖原产地一带运往平安京。不过这种东西，一来因为丢弃米饭具有很大的"浪费"性，二来琵琶湖到平安京可不包邮，还有繁复的制作方式，这玩意儿的价格贵得吓死人，即使在今天，琵琶湖的"鲫鱼鲊"一桶的成本是10万日元，在平安时代，确实是只有贵族才享受得起的豪华美食了。

"鱼饭寿司"贵就贵在它的"下脚料",在多山的岛国日本,种粮食的土地是寸土寸金,而这种奢侈品用极其珍贵的米饭做下脚料,本身就是犯罪般的浪费。所以就有人去尝试不浪费那些下脚料。不浪费的方法自然只有一个 —— 吃进肚子里。

第一个吃螃蟹的人肯定是伟大的,第一个吃"鱼饭寿司"下脚料的人也是。这个不知道姓名的人吃了以后不但没什么不良反应,而且还觉得米饭发酵以后的口感很好,那味道估计和我们江南的甜酒酿差不多,甜中带点儿酸,还带点儿微微的酒香。原来这里面的米饭也能吃!这个消息不胫而走,许多吃不起"鱼饭寿司"的人开始尝试起这种"下脚料"来。

于是,在室町时代,一种新的食物开始流行起来。当时担任室町幕府政所执事代的蜷川亲元留下了一份日记,记录了1465—1486年之间这22年的事件。在这份珍贵的史料文献中,出现了一个新词儿,叫"生成",读作ナマナレ,这个词也写作"生驯"。和之前的那种"鱼饭寿司"相比,这种新东西的区别就在于大大减少了发酵的时间,而且将鱼和米饭一起食用。室町幕府的上层不同于之前的武士,由于其幕府设立在靠近朝廷的京都,对京都的流行文化有着特别的敏感,因此室町幕府的饮食、服装、癖好,都达到了之前的镰仓和之后的江户幕府所无法企及的一种奢靡,特别是从第三代将军足利义满开始,这个幕府就笼罩在浮华的公家文化氛围中,"生成"也就应运而生了。这种新东西的出现,把"鲊"或"鮨"从一种"保存鱼的方式"进化到了一种"鱼和米饭结合的奇妙产物"。因为它减少了发酵时间,鱼就不可能保存很久,而是单纯追求米饭和鱼发酵结合的那种酸酸的口感。现在的寿司就在这次进步中初现雏形了。

进入江户时代,繁华的市民文化兴起了,浮世绘中出现了熙熙攘攘的街巷人群。江户时代的幕府为控制全国,制定了所谓的"参勤交代"制度,规定全国的大名必须每年在江户居住一定时间。于是,有大批的大名年年奔波于领地和江户之间,一路大讲排场,直接催生了旅途经济的繁荣。幕府又把江户的日本桥(今东京都中央区的日本桥)作为全国道路的起点,从这里延伸出去通向全国的五条道路,称"五街道":1624年完成的东海道、1636年完成的日光街道、1646年完成的奥州街道、1694年完成的中山道、1772年完成的甲州街道。这五条街道上"宿场"(旅馆)林立,围绕宿场往往就兴起一大片具有相关产业的"宿场町"。

城市经济的极大繁荣促进了消费,拉动了 GDP,一大批"吃货"也就培养起来了。"鲊"这种东西自然是不会被人放过的。就如今天的上班族经常在 KFC 等快餐店解决口腹之欲一样,江户时代的小市民们也不会有贵族那种耐心,如"生成"那样慢慢等待鱼和米发酵,对他们来说简直是浪费时间的事儿,他们采取的是更直接的办法 —— 不就是酸味儿嘛,直接倒醋不就得了。

于是,"鲊"又一次进化了,江户时代的市民把醋直接倒进米饭里,做成醋饭,放到盒子里,上面铺上鱼或贝类,再压实。简单,易行,又过了把贵族瘾,"箱寿司"横空出世了!

这种东西是流传于关西一带的,因为"鲊"最早是京都公家文化的产物,"箱寿司"则是其变种。"箱寿司"跟着"参勤交代"的路线一路东上,被带进了当时日本最大的城市 —— 江户。有流通就有商机,有人以小市民的"市侩"眼光,看出了这东西里似乎蕴藏着无限商机,唯一的问题在于:卖东西的时候不能把盒子也一起卖了吧。所以,他们就在寻找顶替"箱"的办法。方法无非是两种,一种就是做一个可以抽掉底的盒子,把米饭压实以后抽去底,把那方方正正的米饭团取出来,切成适合食用的大小,再盖上加工过的鲭鱼,就变成了一道"柿寿司"或称"押寿司";而另一种方法就完全抛弃了盒子,人们发明出了一件新东西 —— 卷き簀(也写作"卷き簾"),也就是通常说的"寿司竹帘",把鱼和醋饭结合以后,用这种芦苇和竹子编成的小帘子卷成形,展开以后就可以食用了。这两种统称为"早寿司"的东西流传在今天的大阪、京都一带,成为关西寿司的典型。

3
江户前寿司

日本几乎是一个单一民族国家,除了阿伊努族和琉球族以外,90% 以上的人口是大和族。如果说,日本有"妨碍民族团结的因素"的话,我想关西和关东的隔阂算是其中比较

鳗鱼握寿司

重要的一项吧。

记得我去日本的时候，在大阪街上小心翼翼地操着我那半吊子的日语向一位正发传单的人问路，那人倒是听懂了我的话，但他一开口，我泪奔的心都有了，"亲，你能不能说日语！"关西腔，对于我们这种在课堂上听习惯老师的东京音的人来说，完全无法进行交流，难怪柯南里那位来自大阪的名侦探服部平次会被当成是外国人。最后我尴尬地笑笑，装作听懂的样子朝他指的方向走去，幸好，有路标，救命了。这段经历让我对传闻中的关西、关东之分更为印象深刻。

历史上的关东和关西就是冤家对头，特别是幕府兴起以后，镰仓、江户为代表的关东就是武士政权的地盘，京都为核心的关西则是朝廷的地盘。明治维新的时候，关西一直到九州一带以拥护天皇政权居多，而关东一直到北方的奥州则以拥护幕府居多，两方面一开打，这梁子也结得更深了，这也是明治天皇把首都从京都迁移到关东平原上的东京的一大原因。关西和关东，在语言、民风、食物口味、风俗习惯等方面都有很大不同，最重要的一点，他们还互相"调戏"，如一般的 TV 动画都是以标准的东京音为主，如果出现服部平次这样的关西人，那就是被调戏和搞笑的对象。

吃寿司这小小的事情上，关西和关东也显得泾渭分明，在关东的江户人看来，关西人的那种"箱寿司"和"押寿司"一点儿也不爽快，做法复杂，完全显示出关西人过分追求华丽的那种脾性儿。武士后代的关东人讲究的是干脆利落、简单直接，在江户时代，江户人把寿司的做法进行了加工，最终出现了"江户前寿司"这种现代寿司的典型之作。

"会妖法的人做出的东西——鲊饭"（妖術という身で握る鲊の飯），这是写在江户时代的一本"川柳"合集《柳多留》中的一句诗。《柳多留》的创始人是江户时代中期著名的文学评论家柄井川柳，他改革了原本的以"五·七·五"音律为特点的日本俳句，取消了其中的表现"季节感"的文字要求，提倡生活细节皆可入诗，因此产生了"川柳"这种表现市民生活的文学作品，寿司也因此进了诗，也"雅"了起来。这句话里把江户的寿司工匠形容为"妖法"的拥有者，恐怕不是无由而发。

接下来是见证奇迹的时刻：这是一位普通的江户前寿司的制作师傅，他站在那里，气定神闲，先用中指指尖沾了一下手醋，涂抹在手掌上，然后从一个木桶中取出一个小小的米饭团，左手持"ネタ"，右手拿着"舍利"（如果他不是左撇子的话），左手圈成空卷，将米饭填入，两手交替迅速握成一个线条柔和流畅的寿司，放到了食客面前，整个过程几乎不到一分钟时间。

这种新式的，全凭工匠手感技术而不依靠"箱"等工具的简捷寿司就叫"江户前寿司"，也有人根据制作方法称之为"握寿司"。所谓的"江户前"，有多种说法，一说是江户城前品川界的河、海中捕捉上来的水产物，也有人说是从江户前岛周边捕捉的鱼类，现在，这个含义已经引申到"东京湾捕捉的水产"。用"江户前"做成的寿司，就是一种土生土长的"乡土料理"，深受江户市民的喜爱。这种寿司的流行最早同江户的两个商人华屋与兵卫和堺屋松五郎有关，他们在文政年间开发了这一新产品，很快风靡了江户城。当时的江户城中有三家最有名的寿司店，人称"江户三鮨"，一家是华屋与兵卫于文政七年（1824）在尾上町回向院前开业的华屋"与兵卫寿司"，这家店据说也是最早使用山葵的；一家是堺屋松五郎于文政十三年（1830）在深川安宅开业的"松之鮨"寿司店；另一家则是仍在做箱寿司的"毛拔鮓"，于元禄十五年（1702）在今东京日本桥附近开业，这家店因为贩卖一种用竹叶包裹的寿司而出名。这三家店带动了整个江户寿司业的繁荣。

在2013年的穿越剧《信长的主厨》中，从现代穿越过去的主角阿健做了一道手握寿司送到了信长和南伊势大名北畠具教面前。自诩出身名门、见多识广的北畠具教吃着这玩意儿大惑不解："这是什么？"当听说是寿司的时候，北畠具教本能地认为简直是开玩笑："寿司不就是那种臭臭的带着酸味儿的发酵物么？"主角阿健冷笑一声："你说的是京都流行的鱼饭寿司，这是新产品 —— 握寿司。"然后在心里腹黑地默念："废话，你当然不会见到过，这可是江户时代中后期才出现的江户前寿司，战国时代怎么可能有！"

很多读者可能困惑了，前面介绍寿司制作法时提到的"ネタ"、"舍利"又是什么东西。各位，一定听过"条子"吧，这是贼这个行当里"从业人员"彼此都明白的"行内语言"，虽然这个比喻不太恰当。其实，很多行业都有类似"条子"这样可能让外行人听不懂的行内话，"ネタ"、"舍利"也是。江户前寿司兴旺发达的时候，江户大街上到处都是摆摊儿卖寿司的，形成了一个蓬勃的产业，江户前寿司成为今天街上卖的冰糖葫芦、关东煮一样的果腹零食。有了行业，行内话也就应运而生了，按日语的说法，叫"符牒"。比如"ネタ"其实就是日语"种"（读作"タネ"）的颠倒，指的是制作寿司时除了饭、海苔、干瓢等物以外的食材；"舍利"（シャリ）指的就是做寿司的米饭，本出佛教用语，日本人用高僧火化以后留下的舍利子来指代米饭，除了形似以外，似乎也有米饭十分珍贵的意思。除此以外，寿司的"隐语"还有"兄贵"（アニキ，预先准备好的食材，非新鲜食材）、"弟"（新鲜的食材）、"紫"（ムラサキ，酱油，源自其颜色）、"ガリ"（配寿司的生姜，来源于嚼生姜的"咔啦"声）等。比较有意思的是寿司店里黄瓜叫"河童"（カッパ），因为日本传说中的河童这种妖怪最喜欢吃黄瓜；盐叫作"浪花"（浪の華），因为盐的样子很像海里泛起的浪花；山葵叫"泪"（ナミダ），吃了山葵做的芥末，受不了的人自然会泛出眼泪了。这些稀奇古怪又好玩儿的话现在不仅仅是寿司工匠在使用，连一些比较专业的顾客也在使用了，进了寿司店，一开口就是来一碟"紫"，一点"泪"，点上"铁炮"（海苔卷），吃寿司的范儿就出来了。

"江户前寿司"的兴起，迅速挤占了江户的寿司市场。江户末年成书的《守贞谩稿》记载了江户时代的风俗习惯，其中介绍说，江户的零食摊儿处处都是卖寿司的，有金枪鱼、对虾、白鱼、鳗鱼等等丰富的食材为依托，"不知几时，江户城抛弃了箱寿司，只有握寿司"。

江户时代结束，日本经明治维新进入了近代，许多路边摊食物就登堂入室，为了纪念路边摊的岁月，路边用来挡尘的布帘也被挂进了寿司店内。1947 年，在战后物资紧缺的时代，日本政府规定，如果拿一合（大约为 0.18 升）的米来到寿司店，并支付加工费用，就可以加工握寿司 10 个，于是，"10 个寿司 =1 人份"的规矩就定了下来。

今天的日本，提到"寿司"两个字，人们的第一反应肯定是手握的"江户前寿司"。1958 年，大阪的一个寿司经营者白石义明发明了一种回转传递食物的传送带，并在大阪府布施市的车站北口开设了世界上第一家"回转寿司"店，那就是赫赫有名的"元禄回转寿司"，回转寿司一反寿司店高级化的倾向，以平民化的价格和方便的制作手法吸引了大批客流，很快成为风靡一时的时尚，在 20 世纪 70 年代以后，日本全国出现了 200 多家回转寿司店。另一方面，在 1972 年设立的"小僧寿司"(株式会社小僧寿し)首创了外带寿司。回转寿司和外带寿司的风行进一步推动了寿司产业的发展，寿司逐渐成为一种世界知名的料理。

4
"煮饭三年"—— 寿司师傅养成计划

1996 年，一部著名的漫画《将太的寿司》被改编成了真人出演的经典日剧，一度引起了轰动。在第一集中，柏原崇饰演的将太，为了顶替遭到暗算的父亲出战北海道小樽的寿司大赛，毅然决定继承父业。他抱着很大的自信说："做寿司的手法我从小看到大了！"但他做出的第一个寿司他父亲连尝都不尝："不合格！"将太自己塞进嘴里一尝，太硬。不死心的将太又捏出第二个寿司，父亲用牙签插入其中一挑："太松散，还是不合格。"将太花了几天几夜，才自己摸索出了既不硬又不松散的寿司捏法。

寿司，不就是米饭团上放一片生鱼片嘛，一捏一个，太简单了！抱着这种想法的人恐怕不在少数。真有那么简单么？所谓"三百六十行，行行出状元"，不要小看一片生鱼片加一个饭团，里面的功夫却是实打实的。要如将太那样仅仅几天几夜就摸索出做寿司的方法，除非是非同寻常的天才。真正的寿司师傅，按行内的说法，要求"煮饭三年，学做八年"，基本要十多年的时间才能培养出一个成熟的寿司匠人。

作为一个寿司师傅，首先要有的素质是眼光，就好像 TVB 的料理经典剧《美味情缘》的开始，吴启华带着一大群徒弟上市场"砸场子"，海鱼不能颜色黯淡，虾必须壳透明有活力，蟹要四肢有力肉质厚重，龙虾头身之间不能见肉等等。寿司师傅也必须有分辨食材的非凡能力。东京的寿司店要取得食材，就要去东京都中央区筑地五丁目 2 番 1 号的"筑地市场"，*Dinner* 里江口洋介曾大叫"去筑地！"说的就是这个市场。筑地市场是东京乃至全日本最大的海产品市场，它是为承继东京日本桥鱼河岸的职能在 1923 年关东大地震后租用海军辖地建成的，有着得天独厚的地理优势，每天最新鲜的水产从东京湾捕捞上来以后，就用货柜车运送到这里销售。这里能找到全日本最好最肥大的金枪鱼、鲷鱼、鲔鱼。筑地市场旁的波除神社就能证明这里是日本吃货的朝圣地 —— 这里有"海老塚"（虾的墓）、"すし塚"（寿司墓）、"玉子塚"（鸡蛋墓），供奉着市场内无数被食客们用口腹超度的生灵的亡魂。寿司店的匠人就穿梭于其中，目光犀利地挑选自己心仪的原材料。但要知道，这座 23 万平方米的庞大市场里集结着近 1000 家中间供货商，每天处理的海鲜多达 2000多吨，要从那么多琳琅满目的货物中获取自己想要的最适合的食材，没有一双经过训练的眼睛是万万不行的。挑贵的买？那是最笨的做法。虽说一分价钱一分货，但贵的东西不等于最适合的。举例来说，《将太的寿司》里就有一幕鲷鱼决胜负的精彩对决，将太的对手用的是最好的真鲷，而将太用的却是次一档次的血鲷，食材上虽然输了一筹，但将太用了先以热水烫再以冷水浸的方法保持了鱼的脂肪，对手的真鲷却因为这个季节的母鱼刚产完卵缺少脂肪而告负。"当季"和适当的处理手法也是影响食材的极其重要的因素，所以，贵不贵在其次，最重要的是"合适"。

第二步就是煮饭。有人说，煮饭还不简单，淘好米，放进适量的水，电饭煲开关一按就行了。寿司米的炊煮可比一般的米饭要求更高。寿司的美味很大程度上是由米饭决定的，要求有一定的黏度，也要软硬适中，这就对水量、火候的控制要求极其高。炊煮好的米饭底部的"锅巴"也是不能用来做寿司的，只取适合的部分，倒入寿司醋（不是单纯的醋哦，里面包含着糖、盐、日本酒、醋等混合物，混合的比例也是大学问）混合均匀，放在木桶里，进行保温，让醋的味道融入到米饭里。一个有经验的寿司师傅会让米饭维持在"人肌"的温度也就是 37 摄氏度左右,这样不但容易捏合成型,也能最大限度激发米饭和食物搭配后的味道。煮饭如此讲究,自然是需要有"三年"的学习工夫了。

切割食材也是一门技术活,日本料理讲究"割主烹从",许多食材是生吃,烹饪就变得不那么重要,而转向关注切割的方式、手法。切割手法的好坏决定了寿司成型时的外观和入口时的口感。谁都不想看到米饭上附着一条切得歪歪斜斜的鱼片,也不想吃到鱼肉纤维破坏无余、入口毫无韧劲的"沙西米"(刺身)。一个优秀的寿司工匠,对于不同的鱼会采取不同的切割方式,顺着鱼肉的纤维走势,从容入刀,一刀下去就反悔不了,没有"庖丁解牛"的技巧是揽不了这活儿的。比如沙丁鱼,在去鳞以后,要从胸鳍后入刀切去鱼头,从腹部入刀切到尾鳍前,去内脏并翻开鱼腹,拉去鱼脊骨,削掉腹骨;而鲐鱼则要从背部入刀,切下两侧鱼肉后削去腹骨。这些,都需要眼疾、手快、刀准,非拿出外科医生的技术不可。

许多切割完的食材还必须经过进一步的处理,腌制和浸渍就是两种常见的处理手段。有些鱼肉在制作寿司前必须经过腌制处理,比如幼鳒就必须用盐和醋进行腌制,以使鱼肉更为紧致,寿司师傅必须根据鱼肉的厚实程度、脂肪多少、鱼身大小等因素来决定每一条鱼不同的腌制时间和下料多少,有时候甚至要精确到秒。浸渍则是处理一些非鱼类食材的方法,比较典型的就是鲑鱼子,这种往往用来做"军舰卷"的珍贵食材要激发它的味道潜力,就必须经过酱油的洗礼。处理鲑鱼子的秘诀就是"慢工出细活",剥去鲑鱼子的薄皮以后先用温盐水慢慢地把鱼子揉散,如同挑绿豆一样把里面的杂质和过硬的鱼子挑去,反复揉、搓,直到每一颗鲑鱼子都晶莹剔透如同珍珠一般,洗到没有白色泡沫泛起的时候放到竹篓里阴干,用酒、酱油、盐等作料煮沸后放到冷却的汤汁里浸泡,这样,鲑鱼子就会完全吸收汤汁的鲜、甜、香,做出的军舰卷既漂亮,又美味。

另外,如鲣鱼等食材必须经过熏烤,鳗鱼则要炖煮才能发挥其鲜味,卷寿司的海苔也要经过烘焙,这些都是考验寿司师傅功力的活儿。甚至一些小细节上都有大文章可做。常被用在江户前寿司的米饭和配菜之间用于搭配味道的鱼虾松,各家寿司店的配方都不一样,从选择鱼和虾的种类到加入的佐味料到翻炒的功夫,有一点点不同,出来的成品外观、色泽、口感都是大相径庭的,从鱼虾松里面就可以看出寿司店的好坏。还有一种寿司店里常见的寿司种类就是木津卷,从外到里依次是海苔、米饭和干瓢。之所以叫"木津卷",据说来源于木津这个地方的干瓢是全日本闻名的。日本人对干瓢是如此的喜爱,以至于将每年的 1 月 10 日命名为干瓢之日(因为"干"字拆开就是"一"和"十")。所谓的干瓢(かんぴょう)就是葫芦丝,做起来可不方便,干瓢要在水里泡发一晚上时间,加盐腌渍,不断揉搓,冲去多余盐分后入水煮熟,在煮的过程中还必须不断搅拌,防止干瓢丝缠在一起,捞出沥去水分后切去硬的部分,再用盐、糖、酱油等煮制入味。整个处理就要花一天的时间。小小一个不过 3 厘米长短的木津卷,心血全在其中了。

一个寿司师傅,需要掌握烹饪技术、水产学、美学、工艺美术、生物学、化学、力学、建筑设计、室内设计乃至文学、历史等多种知识,大到寿司店的装潢,小到一枚木津卷,都深深打上了寿司师傅的烙印,即使不做寿司,换到其他任何一个行当也是一个难得的综合性人才。从这个角度来说,寿司师傅养成计划中的"煮饭三年,学做八年"绝对不是夸张,11 年的时间,还未必能成就一个综合性人才哦。

5

稻荷寿司

看过动漫 ×××Holic(《四月一日灵异事件簿》)的,一定对里面的一种生物印象深刻。那是主角四月一日君寻帮助雨童女拯救了一棵紫阳花以后,雨童女支付给他们的"报酬"。这个生物的名字叫"管狐",被装在一根长管子里,一头有一个狐狸脑袋,整个身体就如同一条长了毛的蛇,经常缠绕在四月一日君寻的脖子上,甚至在他身上乱钻。

管狐是相当有灵气的动物,危急的时候甚至能救命。管狐最喜欢的食物是油炸物,炸得嗞啦嗞啦泛出香味的食物,是管狐无论如何无法抵抗的。虽然四月一日君寻的雇主壹原侑子反复告诫不要给管狐吃油炸豆腐,但四月一日君寻为讨好管狐,不停给它吃,导致上瘾,管狐的身体骤然变胖,使男主角脖子承受了"不能承受之重"。

无独有偶，在动漫《夏目友人帐》里，也有爱吃油炸豆腐的狐狸出现。

狐狸大仙爱吃油炸豆腐，这种思维定式在日本不知道起源于何时，现在，早就成了深入人心的一种传说了，就好像中国人想到狐狸，一定会和"狡猾"两个字联系在一起一样。在日本人面前提"狐狸"两个字，他们脑海里一定会浮现出在油锅里冒着香气的油炸豆腐。

据说，古代的日本贵族，在猎狐的时候，也是用油炸豆腐来做诱饵的，至于效果怎么样，各位可以自行想象了。

狐狸大仙在日本叫作"稻荷さま"，有本动漫叫《我家有个狐仙大人》，其日文原名就叫"我が家のお稻荷さま"，如果直译过来应该是"我家的稻荷大人"。狐狸和"稻荷"究竟是什么关系呢？

稻荷神在《古事记》里叫作"宇迦之御魂神"（うかのみたまのかみ），《日本书纪》里叫作"仓稻魂命"（うかのみたまのみこと）。根据

稻荷寿司

日本古老的传说,创造日本诸岛和万物的神"伊邪那岐命"(《日本书纪》写作"伊奘诺尊",日文为イザナギ)从黄泉之国回来以后,举行了一次被除仪式,以清洗身体。在仪式中,他清洗左目,生成了"天照大御神",清洗右目,生成了"月读命",清洗鼻子生成了"建速须佐之男命"(又称素戋鸣尊,スサノオ)。这三名神被称为"贵子",分别被赐予神圣的任务。"天照大御神"被任命为"高天原"的治理者,"月读命"则被委派治理"夜之国",而"建速须佐之男命"被委任治理海原。然而"建速须佐之男命"却不愿意前往,于是遭到放逐。在放逐途中,"建速须佐之男命"来到了出云的鸟发,杀死了在这里为祸的有八个头和八个尾巴的八岐大蛇,定居下来,娶了本地神"足名椎"的女儿"栉名田比卖"和"大山津见神"的女儿"神大市比卖"。"宇迦之御魂神"就是"建速须佐之男命"和"神大市比卖"所生的第二个孩子。

稻荷神被认为是谷物和丰收的女神,在日本古时,产妇生产的时候,也会在产房门口摆上稻束,在产房里遍撒米粒以被除邪灵,保佑安产。日本人相信稻米具有神奇的驱邪力量,所以稻荷神的香火就十分旺盛。稻荷神的另一个职能是商业神,在全日本祭祀稻荷神的总本山伏见稻荷大社中有一处极其具有视觉冲击力的景点 —— 千本鸟居,在连绵几公里的山路上,几千座红色的鸟居(日本神社中类似中国牌坊一样的建筑物,是日本人信仰中"俗世"和"神界"的分界点)密密麻麻排列蜿蜒,组成了一条"红色隧道"。大家一定记得电影《艺伎回忆录》中,小百合就在这条红色隧道中奔跑。这一片鸟居是各家为祈祷生意兴隆的商家所捐助,每家捐建一座,久而久之就形成了这座几乎成为日本传统文化象征的建筑物。

我们回过头说狐狸。话说在这座伏见稻荷大社里,还有一个标志性的建筑物,就是门口蹲着的两只狐狸雕塑,就好像中国的石狮子一样,一左一右,一只叼着稻谷,一只叼着钥匙。按日本人的说法,狐狸是稻荷神的使者。这个传说一说是来自日本古代的稻作文化,农民在播种稻子的时候,最讨厌的就是田里四处打洞的田鼠,据说狐狸的尿有吓跑田鼠的作用,于是许多农民开始在田边建狐狸庙,甚至拿点儿油炸物供奉狐狸,久而久之,狐狸就变成庄稼的保护者了。但现在许多的研究者倾向于另一种说法 —— 谐音说:稻荷神的另

一个名字写作"御馔津神",日语里读作"みけつのかみ",这个读音分拆开来,第一个"み"的音,在日语里也可以表达为"三"的意思,"けつ"则是狐狸的古音,"の"是"的","かみ"是"神",所以"御馔津神"按读音一读,不知道汉字写法的人也可能会听成"三狐狸神",狐狸大仙就这样变成稻荷神的代表了。

当然,不是所有的狐狸都会保佑人。深受中华文化影响的日本也有狐狸精害人的故事,其中最著名的就是"玉藻前"。"玉藻前"的历史人物原型是平安时代后期鸟羽天皇的宠妃美福门院藤原得子,她以美貌获取了鸟羽天皇的宠信,在保延五年(1139)生下了一名皇子,鸟羽天皇当时已经退位并把皇位传给了崇德天皇,为了这个孩子藤原得子又强迫崇德天皇退位,把年方两岁的小皇子扶上皇位为近卫天皇,这成为后来天下大乱的根源,这个扰乱天下的女人就被民间认为是白面金毛九尾妖狐的化身。传说这只妖狐在中国化身妲己迷惑了纣王,姜子牙伐纣以后,这只妖狐一溜烟来到日本,迷惑鸟羽上皇,被阴阳师安倍泰成一眼看穿,妖狐见势不妙,抢先逃跑,朝廷立刻组织了讨伐军,以安倍泰成为军师,须藤贞信为主将,千叶介常胤、上总介广常、三浦介义明等著名武士随征,出兵多达八万人。但八万凡夫俗子却抵挡不住一只妖怪,最后,三浦介义明一箭射中了妖狐,上总介广常急忙赶上,一刀削去了妖狐的脑袋,这才暂时收服了她。没了脑袋的妖狐却并没有因此消亡,她化成了一块"杀生石",每天都吐着熏人的毒气,凡是靠近这块石头的生物,只要沾染毒气,立刻倒毙身亡,直到200年后,有个玄翁和尚经过,以佛法打碎了这块石头,但石头的碎片仍然散落各地。

从今天科学的角度看,所谓的"杀生石"可能就是一块喷着有毒硫化物的火山岩,这种石头在火山地震多发的日本还是很常见的。不过古人并不能理解这一现象,只好用传说来加以解释。

说了那么多日本狐狸大仙的故事,该回到正题——稻荷寿司上来了。所谓"稻荷寿司",就是取狐狸爱吃油炸豆腐的传说,用豆腐皮包裹食材下锅油炸所做成的一种寿司。《守贞漫稿》里这样写道:"天保末年(大约1844年),江户将油炸的豆腐做成一方袋形,把木耳、干瓢等物与饭纳入其中,做成寿司四处兜售……此名稻荷鮨,或称篠田鮨,因狐而得名,以野干(狐狸在日本古称野干)最好油炸之品故也。此乃最贱价之鮨也……"

要的就是便宜又好吃,想想看,在热闹的大街上,血拼到一半,肚子也开始咕咕叫了。突然,远处飘来一阵奇异的香味,循香而去,就看见一个路边摊儿架着一只油锅,把一片片豆腐皮包裹上木耳、干瓢和米饭,夹起丢到沸腾的油里去,炸得吱吱响,炸出浓浓的豆香味,做成喷香的稻荷寿司。这场景,这感觉,别说人了,狐狸都要被引出来了吧。

想起杭州的小巷里也有类似的东西,用萝卜丝加一点儿葱花,放到一个直底的铁勺里,再倒上调稀的面糊,放进油锅炸成型,尤其是饭点儿的时候,这种做"油墩儿"的摊位旁边总是挤满了人,江户时代的稻荷寿司路边摊,大抵也是如此吧。

说起稻荷寿司,关西人和关东人又要吵上一架了。关西人把稻荷寿司叫作"扬寿司"(日语把"油炸物"称作"油揚げ"),他们做出来的稻荷寿司一定要像狐狸的耳朵一样——三角形的。关东人则不一样,关东的稻荷寿司是四角形的,填满食材以后的豆腐皮鼓鼓囊囊的,四角儿尖尖,就好像古代日本装满米的米袋子,所以,关东人一提到稻荷,脑海里必定浮现出"米俵"那样的油炸物形象。

除了稻荷寿司,日本还有许许多多富有地方特色的寿司品种,所谓"一方水土养一方人",地域不同,寿司的制法、口味、外形也都千差万别。细数一下,最漂亮的寿司恐怕得数千叶县一带的太卷き寿司,这种寿司全称叫"太卷き祭り寿司",也叫"房总卷"、"花寿司"等,当地人在婚丧嫁娶等重大场合的时候才会送上餐桌,这种寿司一定会用各种各样的配料卷成文字、花饰、图案等各种各样的样式,每个寿司的侧切面都是一幅艺术品,这已经从食物制作升华到艺术创作的水准了。包裹物最特殊的寿司当数新潟县的"笹寿司"和奈良县的"柿叶寿司"。笹寿司是用箬竹叶包裹寿司饭和一些时鲜的山菜如芦笋、蕨等或鱼,箬竹叶两张包裹一个寿司,放入特制的"寿司箱"压实制作成方形,打开以后就可以吃了,口感清新,有点儿类似中国的粽子。而柿叶寿司也大同小异,唯一不同的是使用同样有防腐功能的柿子叶,吃的时候一样剥开叶子吃。这两种"日本粽子"是两地广受欢迎的乡土料理。最"懒惰"的寿司就是各地的"散寿司",比较典型的有三重县的"手こね寿司"和冈山县的"ばら寿司",这两种寿司都抛弃了做寿司必须经过的"压"或"捏"的步骤,直接把食材和寿司醋饭搅拌到一起,或者干脆在一大碗醋饭上放上许多时蔬鱼类,端上来给食客吃。"散寿司"有"寿司"之名,无"寿司"之实,对不愿意学寿司技巧的懒人来说,实在是福音。最夸张的两种寿司当数和歌山县的"目张寿司"和山口县的"岩国寿司"。目张寿司(めはりずし)顾名思义就是寿司大到一口咬不下,吃的时候嘴巴张得连眼睛都瞪大了。它本来是农民去山上劳动时随身带的午饭,现在演变成一种知名的乡土料理,一片硕大的高菜叶包裹着一大坨的白饭(请原谅我只能用"坨"这个名词才能形容得出这玩意儿的巨大),看着就很有食欲。比这更夸张的岩国寿司简直就是日本版的切糕。据说本来这是长州藩藩主让厨师发明出来给上城参谒的藩士当午饭吃的,60厘米见方、50厘米高的一个木框子,里面盛上米,再华丽丽地铺上生鱼片和当地的特产香菇、青菜等等,一做就是

太巻き祭り寿司

三四层,呈三明治模样,用重石压上。吃的时候就撤去木框子,像切糕一样一块一块切下来。多的时候可以做 150 人份,那藩主殿下的豪气喷薄而出,所以这玩意儿就有个别名叫"殿樣寿司"(殿下大人寿司)。

今天的寿司成为日本料理的代表,以至于人们提到日本料理,第一反应就是各种各样的寿司。被鱼加持过的米饭体现出了岛国文化特有的风味,随着日本经济的腾飞而风靡全球。寿司,不仅仅是一种食物,还是一种文化的符号。

2

吃出声音来
——面

1
中国渡来 —— 乌冬

"豆腐脑你吃甜的还是咸的？"江湖传言对这个问题的回答可以分辨南方人和北方人。如果一个人回答："当然吃咸的！豆腐脑怎么可能放糖！"那他一定是北方人。反之，如果回答："豆腐脑当然要放糖才好吃，放盐是什么味儿啊！"那他一定是南方人。

当然这不能一概而论，至少在杭州这个江南城市，几乎没见过甜的豆腐脑。

所谓"众口难调"，这句话一点儿也没错。中国地大物博，南甜北咸，东辣西酸，有时候出

酒吞童子

门十里，口味喜好完全不同。除了豆腐脑以外，类似的问题还有：番茄炒蛋该是咸的还是甜的？荷包蛋该是咸的还是甜的？等等。每一次类似问题的提出都会引发一场地域大战。

放到日本，这个容易挑起地域之争的问题就变成了"吃面，你是吃乌冬，还是荞麦？"关西人会回答："当然是乌冬！荞麦简直是俗不可耐！"关东人则会回答："荞麦面！一定要吃荞麦面！俗就俗了，不吃荞麦面还能叫江户之子（土生土长的东京人的自称）么！"

源赖光

乌冬和荞麦之争有豆腐脑之争那么夸张么？相信我，这绝对比豆腐脑更严重。江户时代的著名剧作家和浮世绘画家恋川春町曾经绘过一份"黄表纸"，名叫《化物大江山》。黄表纸是江户时代安永四年（1775）以后流行的一种市民文学作品，其开创作品就是恋川春町的《金々先生荣花梦》，它是通过漫画的形式表现一些当时的风俗人情，并且针砭时弊。这部《化物大江山》是借用了日本古典传说中的"酒吞童子退治"的故事。酒吞童子是传说中日本最邪恶最厉害的妖怪，与白面金毛九尾狐和大天狗并称为日本三大恶妖怪。酒吞童子出生之时是一个英俊的少年，由于受到不少女性的爱慕，他不胜其烦，逐渐产生了对恋情的怨念，怨念积聚过多，他就成了一个生有五个犄角、赤面红发的恶鬼；也有传说认为他是日本远古时期的妖怪八岐大蛇与人间女子所生下的儿子。他居住在通向京都的丹波国大江山中，手下有大群的妖怪助纣为虐，他会在路上化为美男子诱惑女子，吃人肉为生。由于酒吞童子抓走了贵族的女儿，所以天皇就派出了当时最伟大的武将源赖光前去讨伐他。源赖光带了他手下的"四天王"——渡边纲、坂田金时、卜部季武和碓井贞光前往大江山中，他们路遇神灵，赠送给他们一壶"神便鬼毒酒"和一副星兜甲。在见到酒

乌冬面

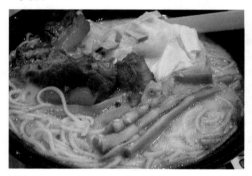

狐狸面

月见乌冬

吞童子以后，他们献上了美酒，与之共饮，酒吞童子不知是计，喝得酩酊大醉，结果发现中了酒毒，动弹不得，被源赖光一刀砍下了头颅，头颅还向着源赖光飞来，被源赖光用星兜甲挡住，他的部下也被消灭。因为杀死了日本第一恶怪，源赖光也因此名声大振，他的那把砍下酒吞童子脑袋的刀也成为一把名刀 —— 童子切安纲。在《化物大江山》里，或许是为了迎合江户的读者，作者故意让荞麦面作为正面人物源赖光的化身，把乌冬面写成反面人物酒吞童子。你看，面条之争都上升到正义和邪恶的对立了，这还不够严重么？

"邪恶"的乌冬和其他众多的日本料理一样，其原产地是中国。"乌冬"在日语中写作"うどん"，"乌冬"两字仅仅是音译，真的要用日文汉字写出来，应该写作"饂饨"，且慢，此二字似乎略眼熟，莫非是中国人说的"馄饨"？没错，在某段时期，乌冬 = 馄饨，在日本平安时代的《江家次第》一书中就出现了这两个字，不过当时是写作"混沌"。到了 18 世纪，江户幕府的旗本，以研究武家为中心的制度、礼仪、服饰、器物等"有职故实"而闻名的礼仪研究者伊势贞丈在他的著作《贞丈杂记》中写道："馄饨又云温饨，用小麦粉做如团子也，中裹馅儿，煮物也。云混沌者，言团团翻转而无边无端之谓也。因圆形无端之故，以混沌之词名也。因是食物，故改三水旁为食字旁。因热煮而食，故加温字而云饂饨也。"从这个记录看，日本人一开始说的饂饨和我们熟悉的馄饨并没什么区别，都是用面包裹馅儿做成的水煮面食，但这本书中后面又加了一句："今世云饂饨者，切面也，非古之馄饨。"就是说，在江户时代，饂饨已经不再指馄饨，而是单指面了。至于是什么时候，因为什么原因"饂饨"二字由馄饨变成了面，这我们就不得而知了。如果按传说的说法，馄饨和面似乎是同时传进日本的，在今天日本福冈县福冈市博多区有一座承天寺，里面有一块石碑，上书"饂饨荞麦发祥之地"八个大字。承天寺始建于镰仓时代的仁治二年（1241），是由当时日本负责外贸的大宰少弐武藤资赖主持，为赴中国南宋留学归来的日本僧人円尔所建。円尔在 1235 年西渡南宋，到 1241 年归国，在中国整整待了六年时间。其间不但学习了佛法，也接触到了南宋的诸多风土人情。南宋的面食非常丰富，在记录临安城市架构和市貌风俗的《梦粱录》的卷十六里，专辟一章《面食店》，作者用极其"过分"的写法——报菜名般写了一大堆临安面食：猪羊生面、丝鸡面、三鲜面、鱼桐皮面、盐煎面、笋泼肉面、炒鸡面……想必円尔在南宋学佛的时候也没少享受美食。这位高僧回日本时，也把馄饨、面、馒头等面食一并带回了日本，广为流传。也许就是在流传过程中，馄饨和面的叫法混淆了。

　　人们总喜欢把一些好东西的发明或流传归功于某位名人，中日皆然。实际上，面传入日本要远远早于 13 世纪的镰仓时代。早在平安时代，就有一种叫"索饼"的东西从中国传来，这个名词最早出现在中国东汉时期的刘熙所撰写的《释名》中。到了平安时代，日本出现了一部最早的和汉辞典《新撰字镜》，把"索饼"写成"むぎなわ"，用汉字写出来就是"麦绳"，顾名思义，就是麦子搓成绳子样。这种东西一点儿都不平民化，而是一种贵族食品，是宫中特供给天皇贵族食用的。每当收获季节，宫中的内膳司仿照民间做麦饼的习俗,用小麦粉、米粉、盐、水等做成"麦绳",蘸上酱,供天皇尝个鲜。到七夕时节,宫中惯例会举行相扑节会,这个时候参加的大臣才有口福吃到这种中国传来的食物。

要知道,唐风时代,凡是中国来的"唐物",在日本大都被打上奢侈品的标签。谁让唐朝是当时东亚最强大最文明的国家呢。

经过镰仓时代的"礼崩乐坏",一些"奢侈品"也开始渐渐移入百姓家。生活在室町时代后期的贵族一条兼良写有一本《尺素往来》,记载了当时一些僧人、武士的生活情况,里面同时出现了"索面"和"截麦"两个名字,有人认为,所谓索面就是由之前的索饼演变而来,是日本素面的原型,至于截麦,就是乌冬的起源了。两者的不同之处,仅在于面条的粗细和食用的方法。一般素面的面条比较细,往往是用冷面的方式制作,是夏天的清凉料理;而乌冬则要粗一些,往往浇有热汤,适合冬天一边暖着手一边吃。

乌冬的真正流行是在江户时代,市民文化的兴起令全国遍布各式各样的料理店和美食路边摊。小麦粉做成的乌冬制作方式简单,热腾腾的面汤又非常具有吸引力,所以瞬间就在路边摊流行开来了。据说是大阪的路边摊首先供应乌冬,很快随着发达的交通网风靡全国。关西地区吃乌冬的习俗就始于此时。

ざるうどん

乌冬面有许多不同的吃法,比较简单一点儿的是ざるうどん,把煮熟的面在冷水里一浸,用笊捞起来放进碗里,浇一圈汤汁就可以吃了,这种吃法类似干面,因为汤汁是渗到面条上,并不是满满一大碗的。真的适合冬天大口喝汤的是ぶっかけうどん,把冷水里浸过的熟面捞出放到一大碗面汤里,浇上点儿酱油端出来,光看那热气就觉得幸福满满了。

如果再想吃得奢侈点儿，可以在此基础上继续加料。比如日本料理店常见的一种"月见乌冬"，就是在乌冬面上打一个蛋进去，蛋黄如月，蛋白如云，彩云拱月，所以日本人给它取了"月见"这个雅致的名字。"亲子乌冬"则更进一步，在加蛋的同时把蛋的娘——鸡肉也加进来了，娘和孩子同时魂归一碗面，故有"亲子"之称。

不过，在江户时代后期，真正招徕客人的并不是那么简单的乌冬。许多面食摊会做一种流传到今天的叫"きつね"的乌冬面。日语里的"きつね"就是狐狸的意思，可以叫它"狐狸面"。在日本，和狐狸扯上关系的食物基本都是油炸物，狐狸面也不例外。

狐狸面的做法就是在煮好的乌冬面汤中加上油炸豆腐，某种程度上也可以说是稻荷寿司的面变种。不要小看这小小几片油炸豆腐，整碗面的亮点就在这配料上，正是因为有了它，清汤面不再变得味道寡淡，而是泛起了油星儿，再根据不同地方口味加上酱油或味酬（日本的一种类似米酒的调味剂），面和油炸豆腐就升华成完美协调的狐狸面了。这在江户和东京的夜市里是大受欢迎的食品。想象一下，长夜漫漫，睡不着又饥肠辘辘的宅男或是拖着一身疲惫的夜归人在路边摊点上一碗泛着油花的狐狸面，昏黄的路灯下面碗中腾起了仙雾一样的热气儿，还有比这更幸福的画面么？

狐狸面在关西的京都、大阪一带被当地方言称作けつね，也有叫しのだ，根据音写成汉字就是"信太"或"信田"。这个名字和一个很有名的民间传说"葛叶狐"有关。话说在村上天皇（926—967）的时代，在河内国有一个叫石川恶右卫门的人，他的妻子病重，其兄芦屋道满懂点儿占卜之术，为他占得一卦：必须要吃和泉国和泉郡信太森林里的野狐狸的肝。于是，石川恶右卫门就纠集了一大群人去猎狐狸了。有一个叫安倍保名的人偶然到了信太森林，从那群狩猎者手里救下了一只白狐狸，白狐狸就化身一个叫葛叶的美女来报恩了。安倍保名和葛叶生下了一个孩子，在孩子长到五岁的时候，葛叶有一天无意中现出了原形，于是悄然留下一首和歌，返回了信太森林。安倍保名抱着孩子去寻母，葛叶把一只装满黄金和美玉的箱子交给安倍保名，自此销声匿迹。

安倍保名后来被石川恶右卫门所害，他和狐狸所生的那个孩子苦修阴阳术数学，加上母亲遗传的那么点儿仙气，很快大有成就，治好了天皇的病，斗法击败了芦屋道满，报了父母之仇。他就是日本史上最有名的阴阳师安倍晴明。

由于有这样一段传说，所以在电影《阴阳师》中，也找了个有狐狸脸的演员来演安倍晴明。凡是和狐狸有关的食物，除了"稻荷"以外，也加上了一个"信太"的名字，稻荷寿司也叫作"信太寿司"，至于狐狸面，也被叫作"信太面"了。

2
庶民口味 —— 二八荞麦面

在 80 后的集体记忆里，小学和中学的语文课本里有不少"虐"的文章。比如要给爷爷写信倾诉苦难却写不清楚地址的凡卡（出自契诃夫的小说《凡卡》）；念叨着"起得早睡得早，让人身体健康精神好"，却死在复活节夜晚的阿维·阿斯平纳尔（出自小学语文课文《复活节的夜晚》）。如果说以上课文都属于"虐心"的话，还有一篇课文就是"虐胃"，那就是《一碗阳春面》。

这篇课文在初读的时候，实在想不到这是一篇"Made in Japan"的短篇小说，因为在选入课文的时候，似乎抹掉了一切日本元素，看起来很像一篇"国货"。最主要的一个改动就是把标题《一杯清汤荞麦面》（一杯のかけそば）换成了中国风的《一碗阳春面》，但这并不妨碍这篇曾在日本打动无数人心的催泪作品感动所有读过它的中国学子。作品讲述了在 1972 年大晦日（12 月 31 日）的晚上，在北海道札幌的一家名叫"北海亭"的荞麦面店里走进了一位带着两个孩子的母亲，三人只点了一人份的荞麦面。店老板看到母子三人显露贫穷之相，于是悄悄给他们多加了半人份的面。第二年，还是这个时间，母子三人又一次来到北海亭，还是点了一人份的荞麦面，老板仍然给了他们 1.5 人份的面。到了第三年，母子三人终于点了两人份的面，并且在闲谈中说出了他们一家中父亲遭遇车祸去世，他们从曾经负债累累到当年终于还清债的奋斗故事。这个故事打动了老板，此后每年，老板都会特意预留出一个位置等待着母子三人，并且把这个故事讲给许多客人听。但这母子三人却再也没有出现过，直到十多年后，母子三人终于又出现在北海亭，此时，两个孩子已经长大成人，事业有成，他们策划了这样一次"奢侈"行动，特意从东京到札幌，点了三碗荞麦面，以纪念他们艰苦奋斗的岁月。

这是非常励志的一个故事，而且或许是因为日本和中国有同样的"面文化"，这故事很容易引起共鸣——无论是心的共鸣还是胃的共鸣。如果恰巧语文课是在上午第四节，学这篇课文简直是种折磨，一边小肚子"咕叽咕叽"叫着，一边听语文老师大谈阳春面，鼻子里仿佛就能嗅到阳春面散出来的那股子麻油香味儿。

荞麦面，是用荞麦这种一年生的粗粮作物所制成，在东亚地区北部十分流行。荞麦果实的胚乳部分碾碎就成荞麦粉，遇水没有黏性，所以一般的荞麦面还会加入小麦粉、山药粉等，做成面团后擀平，切割成面条煮熟，吃时蘸着汤汁或者直接在面上浇上汤汁即可，有时候会再加上萝卜泥、鸡蛋、葱花、芥末、柴鱼片等配料。上面说的"阳春面"就是这种简单到不能再简单的面条。

荞麦传入日本的时间很早，大约在 11 世纪成书的一部法律文献汇编《类聚三代格》中，记载了可以远溯到养老七年（723）的奖励栽培荞麦的官方命令。当时的文献中，把荞麦根据日文音写作"曾波牟岐"（そばむぎ）。当然，最早的荞麦只是用来救荒的粗粮，要把它做成面还是要等到 16 世纪，当时日本种植荞麦最多的地方是今天的长野县一带。长野县木曾郡有一座定胜寺，那里保存的记录说在天正二年（1574），该寺的修缮工程完工，在送来的贺礼里有一个叫"ソハキリ"的东西，写成汉字就是"荞麦切"，这很可能就是荞麦面的原型。另一种说法来自江户时代中期天野信景的随笔集《盐尻》，他认为荞麦切最早出现在今天山梨县天目山的栖云寺，那里的居民看到来参拜的人很多，于是决定借此大赚一笔，在荞麦粉里掺上小麦粉，模仿乌冬的制法做成荞麦切兜售给那些爬山爬得饥肠辘辘的信徒。当然，善良的人民也愿意相信"名人传播"的说法，把荞麦面的发明归功于中国明末来日本的大儒朱舜水，认为他在 1659 年为避明末战祸东渡日本的时候把面条的制法带到了日本。

荞麦面从江户时代开始就是最庶民的食物。江户时代，全国的商业中心——江户聚

荞麦面

集着众多的市民,他们除了在家自己做饭,就是上街吃馆子。而上街最划算的就是吃一碗荞麦面,江户的荞麦面被称为"二八荞麦面"。这个称呼的来源有两种说法:第一种说法认为江户时代的荞麦面是由两份小麦粉和八份荞麦粉做成;另一种说法则认为来源于荞麦面的价格,江户的荞麦面大抵是 16 文,这在当时是十分低廉的价格,深受江户普通百姓的喜爱。这两种说法莫衷一是,或许两者都有的可能性比较大。

荞麦面还有一个意想不到的好处,就是能预防当时非常流行的"江户病"。所谓"江户病"就是现在所说的脚气病,科学地说,就是维生素 B_1 缺乏症。得了这种疾病的人异常痛苦,死亡率也很高,原因就在于江户时代人的生活水平大大提高,许多市民都吃上了白米饭。人一旦过起来好日子,就不会再去吃一些"粗劣"的食物。殊不知米饭在经过精细处理以后,维生素 B_1 这种营养成分就会流失殆尽,久而久之,人就会因为缺乏它而患上脚气病,这显然是种富贵病,在富贵人集中的江户尤其流行,所以有"江户病"之称。幸运的是,现代科学已经证明荞麦里有丰富的维生素 B_1,因此在当时,吃荞麦面意外地成为预防和治疗"江户病"的秘方。

荞麦面的受欢迎程度出人意料,很快就成为江户人引以为豪的一种食物。至少到 18

世纪下半叶,江户的市街上已经到处都是荞麦屋,被称为"屋台"的移动摊位也如雨后春笋一样出现,兜售着荞麦面。荞麦屋不但出售16文的荞麦面,还卖酒(荞麦屋卖的酒统称为"荞麦前")、烧海苔、鸡蛋等食物,深受平民群众的欢迎。当然,这种"下贱食品"上等人是不会去吃的。根据当时人的记载,即使是穷困的幕府旗本武士,也不屑去吃荞麦面。但架不住老百姓喜欢。到万延元年(1860),江户町奉行所调查得知全江户有荞麦屋3763家,这个惊人的数目可以折射出当时江户人对荞麦面的"疯狂"。明治维新后,原本的身份界限被打破,荞麦面就更火了,1876年,89万多东京人吃掉了1亿3414万666份的荞麦面,价值22万多日元;而东京的乌冬面在当年只消费了1382万份。足见江户人乃至今天的东京人已经把荞麦面当作是江户的代表,到了江户没吃过荞麦面,就如同到了北京城没吃过烤鸭,到了西安没吃过羊肉泡馍一样,等于白来一趟。

荞麦面是如此的"平民化"以至于江户的平民文学作品中也处处有它的身影。一个流传比较广的作品就是著名的江户落语——"時そば"("そば"就是荞麦,但一般都写作"時そば"而甚少以汉字写作"时荞麦")。

荞麦面

"落语"类似于中国的单口相声,这个"時そば"的故事原本叫作"時うどん"(时乌冬),是大阪、京都一带流行的"上方落语",移植到江户,为了适合江户人的口味,主角就变成荞麦了。故事说的是一天晚上,一个饿肚子的人跑到附近的荞麦屋,点了一碗二八荞麦面,吃完买单的时候,他掏出钱,一文一文地数到店主的掌心里:"一、二、三、四、五、六、七……"数到"七"的时候突然问了一句:"现在几点了?"店主本能地回答:"八点!""哦!九、十……十六。"就这样,这个狡猾的家伙利用问时间的小伎俩省下了一文钱。恰巧,旁边有个人看到这一幕,暗想:"原来还有这等省钱之法!"第二天,这家伙也跑去吃二八荞麦面了,于是在结账的时候出现了这样一段对白:

"一、二、三、四、五、六、七……老板几点了?"

"四点!"

"哦,五、六、七、八……十六。"

由于"关西乌冬,关东荞麦"的关系,许多面类在日本几乎都有乌冬和荞麦两个版本,如月见乌冬对应就有月见荞麦,亲子乌冬对应也有亲子荞麦。单就荞麦而言,许多荞麦面都有冷和热两种吃法,比如月见和冷月见。冷荞麦一般称为"盛",就是把荞麦面煮熟以后捞起,放在凉水里冲洗后上桌,佐料则放在另一个碗里。这种吃法采用"蘸"的方式,把荞麦面条夹起放到酱油、甜酒和出汁(一般用鱼干、海带等食物熬成的汤汁)配成的"汁"里蘸一下吃。热荞麦则称为"挂",就是把汤汁直接倒在面上,再放上各种食物。据说选择冷吃还是热吃,能看出一个人是不是地道的荞麦面爱好者,真正会吃荞麦面的人往往会选择冷吃,因为冷吃如果不加佐料,就能吃到荞麦面不被干扰的最原始的味道。

在日本还有一些非常特殊的荞麦面,其中有一道叫作"たぬき",日语里的"たぬき"指的是狸猫,所以这道面也可以叫狸猫面,和乌冬的"狐狸面"可谓是日本面类里的一对奇妙的兄弟。狸猫面里没有油炸豆腐,而是加了一种叫"天かす"的东西,也叫"揚げ玉"。据说在日本关西一带,叫"天かす"的比较多,而在关东、北海道一带大多叫"揚げ玉",两种叫法的区别无非是"揚げ玉"比较风雅一点儿。所谓"かす"就是"屑"、"渣滓"的意思,"天かす"就是日本人在做油炸食品天麸罗的时候多出来的那点儿油渣,是油炸食品的副产品,叫得文雅点儿就叫"炸玉"("揚げ玉")了。不要小看这个副产品,那可是极品美味,相信很多人都对旧时候吃过的油渣子记忆犹新,没错,"天かす"就是那种想起来都流口水的高胆固醇食物,抓一把放在荞麦面汤里,就做成一碗热腾腾、油花花的狸猫面了。之所以叫狸猫面,有很多种说法。在关西那边比较流行的说法是,这是种"骗人"的面,因为关西人会用他们喜欢吃的乌冬去做狸猫面(实际上狐狸面也有荞麦版),因为放进油渣的关系,白净的乌冬面条端出来以后会变成灰不溜秋的荞麦面的颜色,不仔细看还以为端出一碗荞麦面,所以就叫它"狸猫面"了。因为在日本的传说中,狸猫是一种很萌很会骗人的生物,据说狸猫只要把一片叶子放在头顶上,就可以施法术变成任意物事。即使在中国,狸猫也曾经扮演过"西贝货",著名的"狸猫换太子"就是例证。另一说是因为油渣放进面汤里遇热膨胀,让人联想起狸猫那吃饱了以后鼓鼓的肚子,狸猫面也因此得名。

日本味儿浓厚的荞麦面一旦和西洋料理结合,也会产生奇妙的化学反应,成就了一道独特的料理 ——"鸭南蛮"。从日本战国时代开始,在东南亚占据殖民地的西班牙人和葡萄牙人相继来日本传教及寻求贸易,日本人根据中华文化圈的习惯,把这些从南方诸岛而来的金发碧眼的"蛮人"称为"南蛮",后来的英国人、荷兰人等也被归入这个行列。而和这些人相关的食品、器物等一概被打上"南蛮"的标签。鸭南蛮据说最早使用了一味号称南蛮人最爱的配料 —— 洋葱,后来因为洋葱在日本比较少见,改用大葱顶替,鸭南蛮的名字仍然保留了下来。

鸭南蛮毫无疑问要用到鸭子,不过古代日本人很少吃肉,从7世纪后期开始,天皇就多次颁布禁止杀生的条例,排斥肉食(这里的肉食一般指的是禽类和兽类,鱼类除外)的风俗从上层贵族逐渐蔓延到下层民众中,只有武士和百姓为了在战斗和劳作中保持适当体力,偶尔食用一些野味,但他们吃得也够偷偷摸摸的,甚至江户大街上卖野味的店铺也不会明目张胆地挂肉铺的招牌,他们挂的招牌是"山鲸",宣称卖的是山里的鲸鱼肉,吃鱼肉总不令人侧目吧!吃鸭子肉当然也算比较惊世骇俗的,要知道旧时日本根本没有家畜家禽的养殖业,所以,鸭南蛮在日本人看起来确实也是个"蛮人料理",不过,鸭子和大葱的结合却有种特殊的吸引力,众所周知,鸭子煮熟后有一种腥臊味,在料理过程中,要除去这种不愉快的味道,就要加入葱、姜这样的作料,以毒攻毒。西洋料理一般会用洋葱,但用大葱也是出乎意料的完美,鸭肉的腥臊味被大葱克去,最大限度激发了鲜嫩的味道,再加入唐辛子(也就是辣椒,日本的辣椒从中国传入,就冠上"唐"的名字,取味觉"辛"而得"唐辛子")和陈皮做加料,这样一碗厚重的汤配上荞麦面,保证在冬天也能吃到大汗淋漓,而且又有饱腹感。

据说大正时代(1912—1926),日本人还一度用兔子肉代替鸭子肉做鸭南蛮,听起来似乎味道也不错。不过还有更过分的,夏目漱石在他的名著《我是猫》里这样写道:"柏拉图把诗人的疯狂称为'神圣的狂气',再怎么神圣,既然是狂气,人们还是不喜欢吧。还是叫灵感吧，就好像新发明的药一样。但就好像蒲鉾（也就是鱼糕）是用山芋做的，观音像内里是一寸八分的朽木，鸭南蛮里是乌鸦肉，牛肉锅里是马肉那样，灵感实际上还不就是疯狂么？"乌鸦肉是什么味道？据说是酸且涩，再配上荞麦面？奇怪的组合！大正时代的日本人的口味在这道料理上也太"疯狂"了吧。

3
不拉的拉面

方便面，吃过的人不计其数。江湖传言，这是一种"好久没吃你会想念，但一旦下口又会觉得恶心"的暗黑料理。它以独特的油炸面饼配上那些奇怪的粉末或糊状料包做出来一碗除了鲜味还是鲜味的面，它以鲜香吊人之胃口，复以鲜香恶心人的灵魂，人类发明的所有料理中，就数这个最霸道，可以说是一切暗黑料理的代表。

然而，暗黑料理也会有亮色的，日清的"出前一丁"就相对不错。常买的日清"出前一丁"除了那些平平无奇的海鲜味、五香牛肉味之流外，还有三种独特的口味：东京酱油猪骨汤味、北海道味噌猪骨汤味和九州猪骨浓汤味。其实，这就代表了和式拉面的三大流派。这三种味道才是最正宗的日清方便面。要知道，方便面的日文原名就是インスタントラーメン，这是英语"instant"的音译和日文"拉面"（ラーメン）的合成词，翻译过来就是速食拉面。

拉面

拉面

　　拉面，中国人听到这个词立刻会想到一个画面：厨师大开大阖地施展着神一样的技巧，把一团有弹性的面团拉成面丝均匀的面条，案板上沾满了面粉，拉面时面条砸得案板"梆梆"作响，粉末顺着声音腾起，化成一阵迷雾笼罩着"施法者"。小孩子们那小小的世界里，拉拉面的师傅大概就是最接近于神的存在了。

　　不过，和式拉面和这些神一样的师傅完全没有关系，你别想在日式拉面店里看到这种魔法，他们用的往往是制面机，把小麦粉等材料倒进机器里，出来就是又细又长的拉面面条了。和式拉面简直成了不拉的拉面，它之所以叫拉面，只是因为它的日文名叫ラーメン，读作"拉面"。

　　日本的拉面有许多别名——"中华荞麦"、"支那荞麦"、"南京荞麦"等等，每个名字听起来似乎都和中国有关。拉面显然不是荞麦面，而是用小麦粉加入碱水（含碳酸钾和碳酸钠的苏打水，能使面条变得有弹性且增强黏性）、盐、水等材料做成黄色的面条，它既不同于乌冬，也不同于荞麦。它的历史也比前两者要晚得多。据说日本最早吃到这种中华面的人是江户时代的水户藩藩主德川光圀，就是他收留了为避战乱而旅居日本的中国儒学者朱舜水，托后者的福，他成了第一个吃中华面的日本人。实际上，拉面的原型中华面的真正普及要比这晚得多，一直到明治时代，昔日外国人聚居的横滨开出了中华街，因日本人在明治时代习惯把中国人叫"南京人"，所以中华街也被叫作"南京町"。在南京町里开始出售中华面，喜欢荞麦的日本人习惯性地就叫它

地狱拉面

"南京荞麦"了。明治四十三年（1910），有一个叫尾崎贯一的人从横滨的税关退职，他从横滨的南京町招了12个中国人，来到东京的浅草公园一带，开了一家正宗的中华料理店"来来轩"，打出的招牌就是"支那料理"（"支那"这个词语并非日本人的发明，在相当长一段时间内还不是一个贬义词，比如清末的革命党人常以"支那人"而非"清国人"自称，同盟会机关报《民报》的前身就是一份名为《二十世纪之支那》的刊物。但在后来，随着日本侵华的加剧，这个词语渐渐就带有蔑称的性质了）。来来轩出售酱油味的中华面，一碗仅卖6钱，风靡东京。这个来来轩立刻成为有志从事中华料理行业者的朝圣之地，很快，中华面随着来来轩弟子的出道而四处生根了，当时的日本人称之"支那荞麦"。大正十一年（1922），出身仙台的大久昌治在辞去警察职务后，在北海道的札幌开出了一家中华料理店，请到了中国山东籍的厨师王文彩做最道地的中华料理，这家店取名"竹家"。据说正是这家店将中华面改良为适合日本人口味的料理，并且为"ラーメン"这个名字正式定了名。

从拉面的历史看，拉面的流行正好赶上了日本人对外开放这一波大潮，原本甚少食肉的日本人开始逐渐接受西方的肉食习俗，并且认为吃肉是"文明开化"的表现。拉面的兴起正是和肉食习俗的传播有关。一碗好的拉面，秘诀无非就是好面加好汤，而要好的面汤，非用高蛋白的肉类不可。大正二年（1913），东京帝国大学教授田中宏出版了一本叫《田中式煮肉料理二百种》的书，大力推介吃猪肉。以此书的出版为契机，大正时代的日本人开始普遍吃猪肉，1912年日本的猪养殖也首次超过了30万头。拉面的兴起正赶上这个好时候，日本人把猪大骨和其他一些食材放到水里慢慢熬煮，逼出了猪骨里的骨胶原蛋白，在汤色泛白的同时撇去浮沫，做成一锅醇厚浓郁的好汤，在放入面条以后，面条在汤中充分伸展，富有黏性的胶原蛋白将猪骨汤汁牢牢地裹在面身上，入口滑腻，清香Q弹，面提汤味，汤助面劲，一碗完美的拉面就是这两者化学反应的结果。日本人太喜欢拉面了，甚至有不少动漫人物都是拉面的拥护者，《火影忍者》的主角旋涡鸣人就是个看见拉面不要命的主儿，至于《海贼王》里的路飞，经常是拉面一碗一碗地往肚子里倒，活像相扑手赛前热身餐。

　　在日本吃拉面,最重要的有两点,一是趁热,汤冷了什么好味儿都逊色了;二是吃出声音来,日本人觉得吃得"唏唏索索"作响才说明主人做得好吃,客人吃得尽兴,显示出了对制面师傅最大的尊重。曾经在本地报纸上看到一则趣事,一对夫妇去看在日本留学的女儿,女儿请他们吃拉面,这对夫妇看到女儿吃面那样儿皱起了眉头:"咱女儿挺文雅一人,到了日本咋这样粗鲁了?"经女儿一番解释以后,这对夫妇也放开了,稀里哗啦把碗里的面一扫而空。

　　日式拉面基本上可分为三种口味:酱油味、盐味和味噌味。酱油味拉面主要流行于东京和关东一带,特别是东京,聚集着全国人口的1/10,最受欢迎的就是这种起源于来来轩的酱油拉面,令酱油拉面无可争议地成为拉面的主流,酱油一般是由特制的酱油加上葱、洋葱、大蒜、胡萝卜等作料熬制,配上用鸡或猪大骨熬出的高汤,两者水乳交融成为一碗面汤,酱油的清香随着高汤腾起的热气慢慢地透出来,高汤的鲜味被酱油的咸味一提,只要一入口就放肆地侵入到每个味蕾上了。在面上再放上几片猪肉,一点儿嫩笋,略撒点儿葱花点缀,从视觉和味觉上都是无可挑剔,难怪会成为日本最受欢迎的料理。

　　盐味拉面大概是中国人最常吃的一种了,如果大家跑到连锁店"味千拉面"去点,一般端上来的都是称为"博多拉面"的盐味拉面。实际上,盐味拉面是流传于横滨南京町一带最原汁原味的中华面,而酱油拉面是日本人根据自己口味改良的成果。所以在中国运营的拉面店考虑中国人的口味,一般会出品盐味拉面,加上这种拉面又是流行在靠近亚洲大陆的日本九州博多一带,地理位置的接近,也让这种拉面最便于"出口转内销"回传入中国。九州的博多从古代开始就是对外贸易港口,距离博多不远有座岛屿叫"对马",上了对马,视线所及之处就是朝鲜半岛。这样商旅辐辏的地理优势聚集了大批外来人口,也带动了饮食业的繁荣。博多拉面的创始大约是在战后的1946年,据说是由井上清左卫门和津田茂这两个在博多开设"屋台"卖拉面的人把中国东北的猪骨汤面做法引入改进的结果。其特点就是将猪骨熬成高汤,撇去油沫以后,直接加入盐调味。相比酱油拉面而言,博多拉面汤色呈半透明,泛着猪骨汤特有的乳白色。由于博多近海,博多拉面的配料往往采用海鲜,并且配上高菜等,具有海的清香。

味噌拉面也是日本本土出产的拉面品种，采用的是用味噌调味的做法。味噌一般是由大豆静置发酵而制成的，具有一种非常独特的咸鲜味，单独能做汤，汤也能配面。1951 年，一个叫大宫守人的人在北海道的札幌市中央区开了一家叫"味之三平"的店。当时，北海道一带是日本二战时期转业复员军人以及在外居民回国的登陆点，特别是原日本关东军、满铁职员、满洲垦殖团的移民，他们之中很多人在战后被苏联送往寒冷的西伯利亚。在经过多年的流浪以后，回到故国，一碗热腾腾且配上最有日本味道的味噌的拉面是最好的心理慰藉，原为满铁职员的大宫守人也深知这一点。大宫守人原本就是一个非常喜欢味噌的人，于是他潜心研究，终于开发出了把味噌和猪骨高汤完美结合用作面汤的方法。很快，这一新产品一炮而红。1965 年，在东京高岛屋物产展上，北海道味噌拉面现场展示，吸引了大批食客，味噌拉面终于冲出北海道，走向全国，成为全国拉面三大龙头产品之一。

顺便说一下，在一些拉面店还会供应一种叫"地狱拉面"的产品，这个有着怪怪名字的料理实际上正是北海道北广岛市的特产。在寒冷的地带，人们都喜欢吃一些辣的东西暖暖身子，地狱拉面正是在味噌拉面的基础上放进了大量的"唐辛子"，一口面汤下去，辣味直冲脑门，整碗面连汤带汁吃完，瞬间大汗淋漓，不习惯的人当然是瞬间堕入地狱，地狱拉面名副其实。

和式拉面的世界三足鼎立，如果有第四极的话，肯定要数インスタントラーメン——方便面。1948 年，出生在日据台湾的安藤百福创立了一家叫"中交总社"的企业，那就是后来赫赫有名的"日清食品"的前身。在战后初期，日本正经历一场大饥荒，粮食严重供给不足，安藤百福经过长期的实验，终于钻研出了将面油炸干燥并长期保存的方式。1958 年 8 月 25 日，这是一个世界饮食史上值得纪念的日子，第一款方便面——"鸡味拉面"（チキンラーメン）横空出世，安藤百福也在同年把企业的名字改为现在人们所熟知的"日清食品株式会社"。1961 年，日清正式将"鸡味拉面"注册商标，并在第二年获得了方便面的特许专利权。1966 年，安藤百福视察美国，考察方便面在美国市场推广的可能性，日清在 1970 年设立美国分公司。鉴于美国人吃饭多用盘子，不适合含有汤汁的方便面食品的推广，日清创造性地在 1971 年发明了把方便面装在发泡聚苯乙烯杯里的做法，那就是"合味道"（Cup Noodles，速食杯面）。杯装泡面再度震撼了食品市场。1972 年，日本发生了一起震惊世界的劫持人质事件，在事件中，警察的机动部队队员吃泡面的情景被电视反复播放，方便面因为新闻的连锁效应轰动全国。到 1974 年，全日本方便面的年消费量达到了吓人的 40 亿份，销售额 2000 亿元，这使日清迅速成为一家世界级大企业。方便面热还迅速扩散到全球，根据日清统计：1993 年，世界方便面消费量是 207 亿份。而这种便利的懒人食品在中国广受欢迎，每到春节前后，几千万人同吃方便面就成为春运列车上标志性的镜头，仅在 2005 年中国就生产方便面 3279172 吨，达 460 亿份，占世界产量的 51%，这恐怕还得感谢大批的民工、学生为方便面销售额的提高做出的"胃的贡献"。

3

生吃的艺术
——
刺身

1
割主烹从

　　龚自珍在《明良论四》中曾言："庖丁之解牛,伯牙之操琴,羿之发羽,僚之弄丸,古之所谓神技也。"

　　庖丁之所以能迅速分解一头牛,而刀却没有钝,因为掌握了其中的关窍,不像普通的屠户一样,骨肉不分地一顿乱砍。优秀的厨师会珍视他的刀,就像绝世剑客不会轻易出剑,"善刀而藏之"。

　　中国有句俗话,叫"厨艺高不高,首先看改刀"。

　　刀的运用,直接影响着食物的外观,而食材被刀工处理后,其形状也会影响口感以及烹饪流程。可以说,很多料理的制作过程中,刀工是第一步,在调料稀少的古代,刀工的影响力非同一般。

　　不过中国从宋代开始流行炒菜,刀工对菜的影响就渐渐弱下来,重油重盐,各色调料进入后,菜本来的味道就很容易被掩盖,而刀工再精妙,在油锅里面翻来颠去、热火朝天之后,也就仅能分得清基本的形状,人们吃的,主要还是各种调料和食材混合出的味道,除非

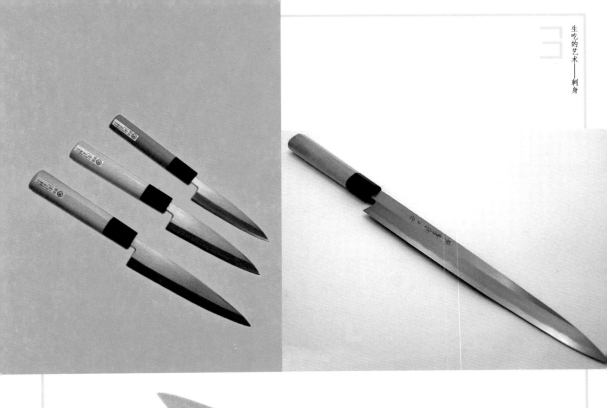

是摆谱造型,会在刀工上下一番功夫。不过也只有在一些大户豪门,才有精力搞这个非常精细的分工。

在宋朝笔记小说《鹤林玉露》里记载了这样一个故事:某士大夫在京城买了一妾,该女自称是权相蔡京府厨房里做包子厨师的,某一天,主人就命她做包子,她却说自己不会。主人奇怪地问道:"你不是蔡太师府包子厨师么?为什么不会做包子?"该女回答说:"没错,我是包子厨师,但我只是负责做包子的时候切葱花而已。"可见在当时,豪门依旧是非常重视刀工的,连切个葱花都有专人负责。只不过因饮食习惯的改变,在我国,烹饪渐渐占据了主导地位,刀工则成了辅助的小弟。

然而在日本的街头,至今你仍能看见一些店子,名为"割烹某某"的,主厨或店主姓什么,这个某某就是什么。

"割烹"这个名字的主从关系,意寓着日本料理中的主从关系。割,就是切的意思,也就是刀工;烹,就是烹饪,对改刀好的料理进行进一步的烹饪。

割主烹从,是传统日本料理的主流理念。

"割烹"这个词,在我国古代就有。汉代桓宽的《盐铁论》中就有"伊尹以割烹事汤",伊尹是商汤的股肱之臣,在此之前,是作为一个小臣,给商汤做饭的。在那个时代,煎炒熘炝还不太流行,刀工与炖煮就是最主流的烹饪。

日本传统料理的"割主烹从"理念,既是传统,也受日本其他饮食理念的影响。

日本人对季节是敏感的,无论在日常生活中,还是精神艺术上,都能从细节中找到季节的感觉。在饮食中尤为重视季节之感。食物本身的味道,是季节的重要讯息。这就要求在料理中,不能损坏食材本身的香味和滋味。因此在日本传统料理中,很少大动干戈地烟熏火燎,在很多料理店的厨房中,厨师都是静静地忙碌,或做刀工,或煮炖,仿佛这不是厨房重地、人间烟火,而是在书房吟诗作画。

中国菜讲究的是各种滋味混合起来,各种作料越丰富越好,茄子能吃出猪肝的味道来才妙。而日本料理中,则必须体现相应的菜所蕴含的真味,不许加太多的调料,越纯粹越好。奥村彪生在《料理的美学 —— 东西比较论》中,曾说:"做中国菜、法国菜差不多如混合运算中的加法,不断地添加各种东西进去,最后与材料合成一体做成一道菜,而做日本菜则是做减法,将其浮沫撇去,将其有碍真味的多余汁水抽去,稍加调味或不调味,便成一道日本菜。因为尽量少用火功,刀功便最见功夫。"

虽说"君子远庖厨",但在日本,刀工一派可是妥妥儿的贵族范儿。日本料理的刀法流派称"四条流庖丁道",传说源自平安时代的四条中纳言藤原山荫。他被后世奉为"日

本料理中兴之祖",据说就是他奉光孝天皇之命将唐朝传入的料理法充分吸收消化,形成有日本特色的料理法,其中注重刀工就是这种料理法的最大特点,这才有了"庖丁道"的称呼。这一派料理法源远流长,镰仓时代中期,公卿持明院基家的三子园基氏学习四条流技法,开创"四条园流",室町时代侍奉足利将军的四条流料理人大草公次又开辟了"大草流",江户时代执掌幕府"台所"(厨房)的园部氏又开创"四条园部流"。四条流可以说是霸占了贵族公卿和武士家庭的餐桌。

料理中的刀工,学问很大,不但要选择应季的食材,还要用适当的刀法,将各种食材最适合做料理的部分割取下来,哪个部位是最能体现季节的味道,要切成怎样的形状,薄厚如何,怎样切才能配合烹饪将味道更好地激发出来,事先准备了怎样的盛装器皿,摆盘要怎样的布局,等等,这都是刀工要考虑的 —— 因此,刀工的好坏,很大程度上决定了每道料理的成败。也由此,日本料理中,"板前"师傅的地位是崇高的,负责蒸煮烧烤的其他料理师,都往往要听从他的调度。日本的传统料理,曾以生鱼片为中心,烹饪料理则根据用什么做生鱼片,来决定主菜和烧烤,如果将一桌日本料理比作一个舰队,那么生鱼片就是航空母舰。

而一位"板前"师傅,不仅要靠精湛纯熟如"庖丁"的刀工,来料理天下,更要像运筹帷幄的大将一样,对各种食材和料理知识有着广泛、深刻的把握。

仅以生鱼片来举例,根据不同的鱼和不同的部位,就有平切法、一口切法、削切法、薄切法、八重切法、细条切法、格子切法、花刀切法等等,而不同的鱼蟹虾贝,还要有不同的"包丁"来配合。

包丁,在日本专指菜刀。既然叫包丁,在切割的过程中,就不能不遵从自然的规律,暗合食材的纹理与质地。

一盘切得整齐的生鱼片,因为它们来自鱼身上的不同部位,可能形状各异,入口的质感也会有微妙的不同。

这种精湛的技艺,也是经过长期的刻苦练习与思考领悟,才能达到的。美食日剧《料理仙姬》中,料理师傅为了考他的同行,丢给他一块蒟蒻(魔芋),在上面铺上一层薄薄的

日本味儿

比目鱼

金枪鱼

鲑鱼

鲷鱼

海苔。魔芋滑软而海苔沾水易碎。切起来，魔芋是可以整齐地切开，但海苔却黏黏地被刀撕碎，不成样子。刀法准线一流的师傅却能将海苔连带蒟蒻，整齐地切开，这是对刀法线的考验，也是一个料理师水准高低的体现，不但要手法稳准，掌握要领，也要像练剑一样，手眼合一，心剑合一，摒除杂念，才能用厉害的刀工，做出真味的料理。

冬天从雪地里刨出肥白甜脆的大根（萝卜），切开，取其中一段，用刀切出粗朴的五棱，放入小锅里开盖煮炖，大火烧开，文火慢炖五个小时，出锅后，大根透明如玉，却依旧棱角分明，然而用筷子去试探，却已软烂，入口的清香，正是大根的纯味。你吃不出刀工在里面的感觉。而汤味在大根中的渗入与激发，却离不开刀工的配合。

而在"刺身"等料理中，则更能体现出刀工的奥义。"盛付"（餐食的盛装）的美丽，更加离不开讲究的刀工。一把包丁和一双筷子，如画师和书法家的笔墨，做出来的料理，简直可以用眼睛去吃了。

2
可以生吃的鱼

在日本，人鱼的传说层出不穷。江户时代，越中国（今富山县）的渔民们就曾在出海打鱼时遭遇了一条硕大的人鱼。若狭国（约今福井县西南部）的渔民则因误杀了一条栖息于礁石上的人鱼，结果引来一场大海啸摧毁了其村庄。而另一说人鱼是一种能带来长生的生物，电影《阴阳师》里，吃了人鱼肉的女子获得了永生。在今天大阪的瑞龙寺中，供奉着一具人鱼标本，据说是富商万代藤兵卫高价买下送来供奉的。这条人鱼长发飘飘，骨骼清奇，从头到脚被人看了个遍。不仅如此，《日本书纪》《古今著闻集》中，都有对人鱼的记载，在一些日本人的心中，人鱼是一种有神性的生物，既可能引发灾难，又会带来长生。

《西游记》里，吃唐僧肉可以长生不老，妖怪捉到这个笨和尚，每每都会烧锅煮水，准备烹饪。而日本的习俗，喜欢吃生鱼，所以人鱼小姐的那块肉，被渴望长生的人直接吃掉

　　了。如果唐僧不是西去取经，而是东渡传教，估计被生吃的就不是美丽的人鱼小姐，而是雪白干净的大和尚了。

　　相对于其他国家，日本人确实长寿，这除了日本人饮食清淡，喜欢喝茶，也与他们常吃鱼有关，尤其是深海鱼，体内有丰厚的脂肪，可以转化为宝贵的 DHA（脑黄金），提高记忆力，而鱼中的 EPA（血管清道夫），则能够帮助人体清除血液垃圾，降低三高的危险。

　　烹饪过程中，很多营养都会随着温度损耗，或流失在汤水与蒸气中，或与铁质的器皿发生细微的化学反应，比如鱼里含有的不饱和脂肪酸欧米伽–3，它对保护心脏和大脑神经是非常有益的，但是如果施以高温，就会被破坏。因此，吃新鲜的生鱼，不仅是一种饮食习惯，也是健康选择。

日本有世界上最大的渔场，日本人也自诩为"彻底的食鱼民族"。千岛寒流与日本暖流的交汇，将大量的浮游生物翻上海水表层，给鱼类带来了丰富的养料，同时，寒暖流交汇所产生的水障，又像天然的大渔网，将鱼儿限制在这个巨大的海水养殖场内，这就是北海道渔场。

北海道渔场，因海水的流动性强，而水质清冽，所出产的新鲜的鱼，腥味非常淡，稍稍辅以佐料，便去掉腥味，只剩鲜嫩味美。

生鱼片，算是日本的国膳，在今天日本的餐桌上很常见，被称作"刺身"。"刺身"不仅仅局限于生鱼片，各种鱼虾蟹贝切片后，蘸着佐料吃，都可以称为刺身。

"刺身"这名字蛮奇怪，听起来让人有点儿不舒服，感觉很危险呢。有一种注释说，原本鱼被切片呈盘，最初称"切身"，但是在日本，武士道盛行，而切身，让人容易联想到"切腹"，非常不吉利，故此改成"刺身"，不过这并没有什么考据调查，只是一种说法。

"刺身"的前身是"脍"。《诗经》中有记载："饮御诸友，炮鳖脍鲤。"讲的是周朝大将尹吉甫，在一次私人宴会中，请朋友吃的菜，"脍鲤"，就是生鲤鱼丝。而《礼记》中则有"脍，春用葱，秋用芥"的说法，已经在斟酌什么时候用什么调料了。孔子对"脍"的态度是"不得其酱不食"，这位也是个很讲究的美食家。我国食"脍"也已经很久了，至今仍偶尔能在餐厅吃到生拌牛肉，这也算一种传统饮食吧。

对于生鱼来说，"脍"又演进为"鲙"。刺身和"鲙"的不同，在于"鲙"是鱼丝，刺身基本是鱼片。在江户时代后期，国学家小山田与清的《松屋笔记》中记载："从鲙中产生了刺身这样一种名目，并且由此诞生了一种刺身的制法，大概是起始于足利将军（室町幕府）的时代。"看来早在江户时代，普通百姓就已经有了食用刺身的习惯。

时至今日，运输业的发达，使鱼虾朝游于沧海，晚上却能被盛上都市的餐桌。而冷藏技术普及，随时取冰冰镇，可以辅助保鲜，因此在现代，用生鱼片（或者鱼块）蘸酱油和青芥的吃法已经非常普及了。

虽然看起来生鱼片不用上锅，可是制作起来，却一点儿也不省心。"割主烹从"的料理理念，也注定了"割"要比烹多花心思。

首先要选择对鱼。那些小刺多的鱼，煮熟吃尚且嫌烦，更何况生着吃刺更硬，因此肯定不能选。制作刺身最主要的几种鱼类，就是鲷鱼、鲑鱼、金枪鱼、加吉鱼等，因为口感很好，非常受人喜欢。比如金枪鱼，它的肉质越红，品质越好，含有很多不饱和脂肪酸，它的 DHA 是所有鱼类中最多的，因此在刺身中，金枪鱼也是非常常见的。而在超市里经常能看见一种切好带红白相间条纹的生鱼片，被雪白的冰镇着，叫三文鱼的，其实是鲑鱼，俗称大马哈鱼。不过不管是什么鱼，一定要新鲜洁净，绝对不能是冻成冰块的，但可以适当地用冰镇着。

主刀的板前师傅会首先将鱼去了头尾，沿着脊椎剔成两半，再去皮和脊椎骨及刺，剩下的整块鱼肉，开始制作生鱼片，当然，下脚料不会丢掉，毕竟那么新鲜，倡导节俭的日本人会用这些来做一些鱼汤和渍物。

鲤鱼旗

花了这么一番工夫后，就是最考验功力的步骤了——切。刀与鱼块呈 90 度角，一定要垂直，然后推着轻薄的刀刃，顶刀下去，一切到底，潇洒利落，厚度均匀，刀法线不歪不曲，才能保证鱼片的整齐美观。切第一片后，要让它乖乖地横倒，靠在右边，第二片切好后，倾斜着靠在第一片上，第三片斜靠第二片，规矩整齐，井然有序地切完一整块鱼。在这之后，要选择合适的盘子，用精细的手法，点缀上萝卜丝、黄瓜花、菊花、姜片、薄荷、海藻等造型如花的配饰料，有时还会有一两片柠檬在上面，星星点点的紫苏叶或蓼叶增添着生机。主角生鱼片则居于盘中最显眼的位置，或铺陈排列，或卷成花形，晶莹而润泽，光洁而干净，一整盘如春天的原野一样花红草绿，色调鲜艳却不夸张，柔和而淡雅，清爽而勾人食欲。在一边精巧的小味碟中，则是蘸生鱼用的酱油，在盘中的某个角落，山葵酱则静静地鲜绿着，或呈花叶的形状，或为闲散自如的一小撮。

看起来佐料是眼花缭乱的，却各有其功能。萝卜丝杀菌清异味，黄瓜片清口，海藻海带提味，姜葱辛辣解毒去腥，芥末开胃又能杀死寄生虫。酱油是生鱼片中最主要的佐料，除了增加咸度，还可以提鲜，诱发出天然的香味。

这样主角配角都准备齐全，就可以开始享用美味的生鱼片了。吃法上还有一点儿小讲究，先用筷子夹一片生鱼片，放在空盘里，再稍稍加一点儿山葵酱在鱼片上（此处不可贪心），再用鱼片将芥末裹起来，蘸上酱油，酱油不能蘸多了，新鲜的生鱼片弹性非常好，淋漓的酱油如果甩在衣服上，不但很尴尬，而且也影响心情。之所以要将芥末裹在鱼片里，是由于日本的饮食习惯，如果芥末散碎地落在酱油中，搞得一塌糊涂，在日本人看来是非常失礼的。

日本人以食鱼为主，这种饮食风格，不仅是由其四面环海的地理环境决定的，而且鱼的营养丰富，是它变成日本人最喜爱的食材的原因。在 1 万年前的绳文时代，鱼贝就是主菜，到了 7 世纪后，日本的中央政府频繁地禁食肉类，民众的饮食天平更加倾斜向本来就居于主导地位的鱼类了。

在日本，鱼文化也深入民心。不仅在餐桌上，有着浓烈的"海之味"，在文化上也不时能看到"鱼"的踪影。

每年的五月五日，有无数的鲤鱼会畅游在日本的空中。这一天是男孩节，只要家里有儿子，就会在家的庭院外的高处挂上鲤鱼旗，黑色或红色的鲤鱼，英武地在空中迎风招展，天空即是蔚蓝的大海，而鲤鱼旗，则典出"鲤鱼跳龙门"，寄托了父母美好的愿望，希望自己的孩子能如跃龙门的鲤鱼一样，畅游天下，生机勃勃，有所成就。鲤鱼旗，是一种对"鱼"的神化与崇拜。

3

不可少的配角 —— 日本酱油

不知从什么时候起，酱油这个词开始带着调侃的意味了。比如说，"我国古代那些在文学界呼风唤雨的大师，在政治上却往往是打'酱油'的"，这不是说文学大师是吃货，每天下班回家要顺道"打酱油"，而是在说他们的不得志，比较"闲"（咸）。

不过酱油在饮食中的作用可一点儿也不"打酱油"。早起开门七件事，柴米油盐酱醋茶。这世界上每天有大把的人，离了酱油就吃不下去饭。在日本，日本酱油对很多料理的最终成型，有莫大的功劳。

刺身如果不蘸酱油，味道单调，再有质感，也失却了日本味道。可以说，如果没有刺身酱油，刺身这道料理根本无法完成，更不用说普及。而稀里呼噜吃荞麦面或者拉面的时候，如果没有面酱油，那根本无法下咽。风靡日本的烤鳗鱼，口感外焦里嫩，在火上烧烤，分几次涂上鳗鱼酱油，反复烧烤，直到鳗鱼呈油香诱人的褐色 —— 如果去除了涂抹酱油的这道工序，恐怕鱼肉再鲜美，也会大为失色。而寿司、照烧、天麸罗如果失去酱油，日本料理的世界将会怎样？

日本料理崇尚自然原味，在料理过程中的割主烹从，也决定了厨师在烹饪的过程中，不会过多地干涉滋味的浓淡，而将精力放在把食材本身最好的味道发挥出来，至于进一步调味的操纵，则交给食客。君不见，小食屋的桌台上，摆放着各色酱油瓶子，旗帜鲜明，迎风招展,五花八门的标志,告诉你它们是吃哪道菜应该放入的。而不给食客预备酱油的料理,通常是料理师已经在做菜过程中,加入了适量的酱油。

在很多日本料理中,你都很难不吃到日本酱油,它是料理界的万能钥匙,开启美味之门。跑到超市去,嗬——长长的一架子装着暗黑液体的瓶子,全是酱油王国的兄弟。

当然,在古时候,没有这么多种类的酱油。

酱油在很多亚洲国家都有所记载,这是种非常民间化的东西,各国相互有交流,各自也有发明,很难确定具体源起于哪一国,虽然有相互学习的地方,但毕竟各有特色,也算专利。

东汉末年,崔寔的《四民月令》中记载:"庶民百姓之家,要在整月作诸酱、肉酱、清酱。"这里的清酱,就是酱油的一种形态。在南北朝贾思勰的《齐民要术》中,则多次出现了"酱清"、"豆酱清"和"豉汁",也是一种类似酱油的东西。到了宋代,酱油已经成型。南宋林洪所著的《山家清供》中记载:"韭菜嫩者,用姜丝、酱油、滴醋拌食。"而到了明代,《本

日本酱油

草纲目》一本正经地记载了酱油的制作工艺，"豆酱有大豆小豆豌豆及豆油之属。豆油法：用打斗三斗，水煮糜，以面二十四斤，拌腌成黄。每十斤入盐八斤，井水四十斤，搅晒成油收取之"。

而在日本对于酱油的记载，在室町时代传抄的《易林本节用集》中出现了"酱油"这个词语。而在一个贵族的日记《言继卿记》（1527—1579）中则有"薄垂"、"垂味噌"（味噌上层的清汁，功能相当于酱油，也叫味噌垂）的记载，在这一时期，日本酱油已经初见雏形。

所谓"味噌垂"，是在使用味噌的时候，有一滴一滴鲜美的液体垂下，人们意识到这是个好东西，开始注意收集，到后来就专门制作这种"味噌垂"。在《四条流包丁书》中记载，"将味噌一升与水三升五合共煮至三升，放入袋中，挤压取汁"，过滤后，便得到了味噌垂。而薄垂则是"味噌一升加水三升，搅和后放入袋中，取其滤汁"，少了一个煮过杀菌提升盐度的过程。味噌垂，是酱油出现前被当作酱油用的一种提鲜加味的调味料。

战国时代，酱油开始名正言顺地进入了历史舞台。当时，大坂人赤桐右马太郎家制作了一种叫"百石酱油"的东西。这种百石酱油，源于径山寺的"味噌垂"，经过改良，成为滋味美妙的调味料。赤桐右马太郎看见了商机，发了狠，制作了100余石，酱油开始进入市场，大规模销售。这种酱油流入上层社会，得到了丰臣秀吉的喜爱，被推广到各地供应销售。

从此，酱油开始大规模地改变着日本人口中的味道，也因地制宜，根据各地的特色料理，被研制出各种不同口味和功能的酱油，酱油的人气也逐渐高涨起来。饮食业，也由于酱油的参与，在尝试中出现了很多创新，新的菜品开始出现在人们的桌面上。

到了江户时代，酱油已经成为人们日常生活的必备品，并开始被大规模地生产。这个时代，是酱油的成熟期，酿造技术进一步提高。日本酱油的几大种类也渐渐成型。主流是淡口酱油和浓口酱油，细分又有很多特色，比如白酱油，加入食物中，只闻其香，却不改变主要食材本身的美色，还有制作烧烤的"溜酱油"，浓香味重，涂在食物上，色泽诱人，油光灿灿，勾人食欲。

　　而到了近代，日本酱油几乎成了日本料理中的主味，不但作为蘸料，在烧煮中也必不可少，有些速食的丼和特别的饭，甚至直接将酱油浇到碗里。而在外就餐，如果料理师选错了酱油，那整道料理都会是失败的，日本人的舌头就是如此的敏感。

　　战时，酱油甚至会被限量供应，在日本家庭中，酱油如果提前用没了，即使跑到鱼龙混杂的黑市，花高价也要打一瓶酱油回来。因"介子理论"而获得诺贝尔奖的日本物理学家汤川秀树，曾自嘲在生活中是个笨手笨脚的人，甚至连筷子都不大会用，在饮食上却钟情于日本味道，在美国避暑，也要妻子做日本料理给他吃，而酱油快要用完又买不到的时候，便非常珍惜地将仅剩的酱油每人一勺地分给全家。

　　每年十月一日是日本的酱油日。金秋十月是大豆丰收的季节，而十月按天干来算是"酉月"，酉有缩小之意，因此亦指植物的果实成熟达到了极限的状态。而酱字下正好就是"酉"字。酱油是酱料中的精华，自有一番成熟的芬芳。其中特别的香味，来自香兰素，它能使盐味变得柔和圆润。酱油也让食物的色泽更漂亮，从而增加食欲。

　　其实对人体来说，每种食物都是药，用对了，都是对身体有益的。日本酱油以大豆为主料，长期食用豆制品是可以防癌的。酱油本身可以散热除烦，调味开胃，内含的异黄酮又可降低胆固醇，减少心血管疾病的发病。有的家里的长辈，甚至在孙儿淘气打翻开水杯被烫伤时，会给孩子涂抹酱油，来止痛解毒。

　　酱油不仅仅有调味料的功能和药用价值，据说还能够当作逃兵役的利器。

　　二战时期，日本的强制兵役，让很多讨厌战争的日本人绞尽脑汁。战地漫画家斋藤邦雄，曾是侵华时日军阵队部的机枪手，他在《陆军步兵漫话物语》中描述了在华服役期间军队的种种，对战争进行辛辣的嘲讽，因为他曾是广大被迫参战的日本人之一，对侵略战争极其反感。在战前，他搞了一箱酱油，喝了一年。据说喝大量酱油可以短时间改变人体状况，造成身体患病的假象，导致入伍体检不合格。但有可能是酱油没选好，也可能是喝法不对，斋藤邦雄最终没能逃脱兵役，只能乖乖地被运往中国，在战场上"打酱油"。

　　枪法很差劲，却有点儿文化的斋藤邦雄，终于从前线被调往旅团情报室，这个"酱油哥"接触到了很多八路军的资料，《实践论》《论持久战》《抗日游击战法》等，他每天阅读，读得津津有味,十分认同,以至于后来竟然偷偷放走了八路军的侦察员。而"酱油哥"喝酱油逃避兵役的秘技,至今仍流行在广大强制兵役的国家,听说韩国的义务兵役制下,还有人在胸透检查前,喝下大量酱油来冒充肺结核。

4
不是鱼也可以生吃

据说作家马克·吐温曾经接到过一个青年读者的来信,信中热情洋溢地表达了对马克·吐温的敬仰,这位青年也希望像马克·吐温一样,成为一位大作家。他还说,听说吃鱼能让人变得聪明,这是否可信,还问马克·吐温平时吃什么鱼,吃多少,等等。马克·吐温很认真地回信:"看来,你需要吃一对鲸鱼。"

马先生虽然对这个青年的傻问题不屑一顾,讽刺他不肯用心努力而想走捷径,但吃鲸鱼确实是个昏着儿。

鱼类确实有健脑的成分,但是鲸鱼它不是鱼呀。人家用肺呼吸,直接生小孩而不是鱼卵,是正宗的哺乳动物,只不过外形伪装成"鱼"了。人类是陆地上的霸主,鲸鱼就是海洋的霸主,看来哺乳动物这个职业非常有前途。

在日本,鲸鱼也是可以生吃的,虽然它不是鱼,但是也能做成刺身,登堂入室,被切成厚厚的片,置入盘中。鲸鱼肉经过处理后食用,营养价值很高(至少大部分日本人是这么认为的),口感和牛肉差不多,价钱又比牛肉便宜,还能避免在海洋里,巨大的鲸鱼吃掉其他味美的鱼类,这也是日本拒绝执行国际公约,坚持捕猎鲸鱼的一个重要原因。

不知陆地上的霸主,吃了海洋里的霸主,心情是否愉悦? 是否有"I'm king of the world"的心境?

虽然在刺身中生鱼片是主流,但其他的鱼虾蟹贝却从来未沉寂过,也以各自最美的姿态,在料理中争奇斗艳着。

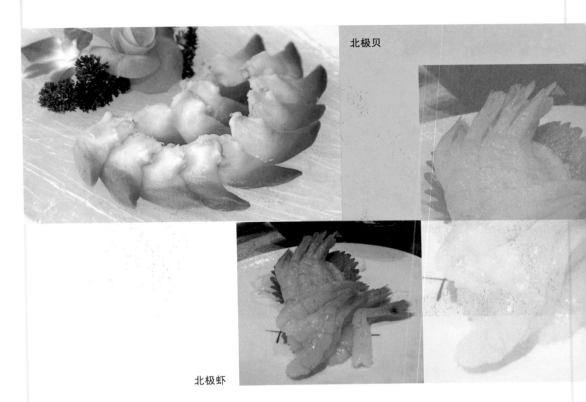

北极贝

北极虾

　　有一种红色的贝类，叫作赤贝，它藏在浅海的细沙中，强韧的足丝，让它胖胖的身躯能够附着在石砾上，厚厚的壳使它柔软地潜伏在安全的角落里，再凶猛的鱼蟹也拿它无可奈何。然而有朝一日终究还是被人类捉获，剥了壳，制成刺身。赤贝能够降低胆固醇，对支气管炎和胃病病患都有益处，此外，它的清爽口感，还能解忧，让人们暂时忘记烦恼，快到碗里来。

　　同样红通通的，还有北极贝，相对于淡红色的赤贝，它的颜色更加漂亮，玫瑰红与雪白相映，色彩耀眼，看起来就有食欲。最近一次吃到，是在一个朋友的婚宴上，用一大盆冰镇着，北极贝妖娆地在盘中盛放。服务员忙碌着忘记报菜名，同桌的朋友们虽然不知道它是什么，来自哪里，却跃跃欲试，因为实在是太诱人了，怎能不伸筷一尝为快？在口中鲜美脆爽，令人赞不绝口。

　　北极贝来之不易，在北大西洋冰冷的深海中，修行 12 年，使其肉质十分紧实，又因为

没有世俗的污染,异常洁净,深合日本料理取之天然的理念,是海鲜极品,制作刺身的高档食材。除了味美,它还能滋阴平阳,养胃健脾。

刺身中最常见的,还要数帆立贝,也就是我国俗称的扇贝。这也是我国现在很多宴席上常见的,只不过烹饪方法不太相同。一个巴掌大的扇贝壳,在葱蒜团团掩盖下,有煮熟的一个小圆肉块,这是扇贝身上最精华的一部分,被称为"瑶柱"的,也就是贝类闭壳肌,因为有力,所以紧实有嚼劲儿,越嚼越鲜香,在我国是海八珍之一。而刺身中,帆立贝的瑶柱肥美洁白,口感滑嫩,弹性十足,也非常受人喜欢。

刺身中,有壳的不仅仅是贝类,北极有贝也有虾。日本人管虾叫"海老",如何得名无从查考,不过经过处理的北极甜虾,须发宛然,神态安详,颇有点儿海中长寿老人的味道。北极甜虾是日本刺身中很有代表性的菜品,它粉嫩婀娜,莹润剔透,口感甜爽清鲜,和北极贝一样,出身深海,天然雕饰,也是制作刺身的上等食材。

但要说最震撼的,还是龙虾。刚出水的龙虾孔武有力,即使握在手中,也会噼噼啪啪地摆动,生机盎然。处理龙虾的时候,要一路用冰镇着,这样才能保证肉色鲜亮,口感爽利。大师傅们宰杀龙虾不用刀,用毛巾裹住龙虾,一手抓头,一手执尾,一扭一拉,乱蹦乱跳的龙虾大将军就身首异处了。挖出龙虾的肉,改刀装盘时,头和尾则摆成龙虾生前的样子,中间用冰屑填充,看起来似乎龙虾依旧畅游在冰海龙宫之中,巨大的冰船载着鲜美的龙虾刺身,开始了美味的远航。

除了这些虾贝,章鱼和帝王蟹,也能被制成刺身,生蚝潜伏其中,鲑鱼卵星星般散落,而让人一看就望而生畏的海胆,也被拔刺剥壳,卸去武装,将最柔美的部分给人品尝。这些海中珍品,在最适当的季节,活灵活现地被制成刺身,与生鱼片同辉。

不过能生吃的,不仅仅是海里的东西。除了猪羊和淡水鱼这些不煮炖无法去除寄生虫的品种,牛马鹿鸟,只要可以吃,就都会被切成片片,做成各色刺身。更变态的甚至生吃海豚——"生猛海鲜"诚不我欺,果然又生,又猛。

不过话说回来,敢吃各种生食而不怕得病,这本身也是一种对社会的信任,说明质量检查的过关。在福岛核泄漏事故后,日本人并没有停止吃生鱼。我国人民则在一段时间内,谈海鲜而色变,甚至闹出了抢盐的大笑话,有些大叔大妈当年抢购的盐,怕是今天都还没吃完吧。

各种的生鲜刺身不仅需要用各种盘子装点,在改刀的过程中,也需要使用不同的工具。刺身,有专业的切割工具,叫作刺身包丁。

性格被概括为"菊与刀"的民族,其本性中存在激荡好斗的因子。中国古代有尚武豪侠之风,以致十八般武器,品种繁多,日本的武器则非常单纯,刀是主流。但要论菜刀,中国却不如日本博大精深。

几年以前有一则新闻,说是日本一名水产公司的职员,单挑三名日本黑社会成员,把黑社会打得落花流水,三命呜呼,而那名职员却毫发无伤。不是他武艺高强,会拍降龙十八掌,能踢黑虎撩阴腿,或修行过什么什么御剑流之类的秘技,而是因为他有宝刀——一把处理金枪鱼的菜刀,又名"鲔包丁",刀身加刀柄,长近两米。兵家云:一寸长,一寸强。鲔包丁长而直,锐利而坚硬,刃锋清冷,杀机肃然,握牢刀柄,来个360度极速陀螺转,两米之内寸草不生，这要是在日本战国时期，足以逆转一场小规模战争的战局。

从一丝不苟的制作上看，日本菜刀竟不输制作精良的武士佩刀，一把高档的包丁，价值不菲，不但锐利异常，而且刀身流畅，精美绝伦，拥有一把好刀，往往是有追求的料理人的梦想。

日本菜刀都被称作包丁（バッグ丁），源自《庄子》，就是我们熟悉的庖丁解牛的故事中的"庖丁"，后来简化为"包丁"。而制作刺身的菜刀，则被称为刺身包丁，是包丁中最为变化无常的品种，长短形状功用各有不同，不仅有解剖切割生鱼片的刀，还细化到切鱼片鱼块鱼丝、撬贝壳、去鱼骨、做美工的专业包丁。美貌又美味的刺身，离不开这些长长短短各具美形的刺身包丁。

日本的热播动漫 *BLEACH*，男主作为一个死神武士，经常举着一把两人多高的板面刀招摇过市，这在现实生活中也是有原型的。土佐式的鲸鱼刀，刃厚而极宽，半米多长的刀身霸气外露，比义和团的大砍刀还要豪迈，但毕竟只能做到分割鱼肉这一步，具体到切，还要看刺身包丁的。

对于一个战斗在厨房第一线的板前师傅，拥有六七把包丁，一点儿也不过分。子曰："割不正，不食。"日本人对于包丁的一丝不苟，也正说明他们的观点，好的包丁出好的味道。刺身包丁品种很多，通常轻薄而锋利，但这也有一个麻烦，就是容易崩口，因此，磨刀是每个制作刺身的师傅的日常功课，就像每天洁面刮胡子一样地顺手而为。

刺身包丁以坚硬锋利为目的，通常是用高碳钢为主要原料的，虽然长久来看容易锈蚀，但在使用时却非常顺手，快而齐，又因其轻巧，极易误伤，所以初学用刀者，都会非常小心翼翼地弯着猫爪。

比较著名的刺身包丁类型，有关西的"柳刃"，刀尖是尖尖的，刀身细长。而在关东，则有"蛸引き"，刀尖呈直角，比较像我国的居家菜刀，刀身却依旧细长。

在日本居家常用的，则有称为"文化包丁"的家伙，不是说这种菜刀它历史多悠久，很有文化，而是说明它的功用，既能够切菜切肉，也可以切鱼制作刺身，因此也称为"三德包丁"，有一种德智体美劳全面发展的感觉，文能安邦，武能定国，是居家旅行杀鱼切肉必备之良器。

4

油炸物
——天麸罗

1
南蛮来风

冬季的时候,火锅是最受欢迎的料理,一家人或几个朋友坐在一起,围着一只热气腾腾的大锅子,沸腾的汤水里翻滚着各种各样的食物,羊肉卷、蟹肉棒、贡丸、蛋饺、大白菜、魔芋丝…… 这些东西在超市里都能买到现成的,一装盘,一点火,就可以唰唰下锅集体"洗筷子"了。从这点上来说,火锅绝对应归入懒人料理之列。

超市里出售的火锅料有一类我是很喜欢的,叫作"甜不辣",有方形的,也有拇指形的,颜色自然都是金黄的。其实它内里是用鱼肉制作成的。把鱼去皮起骨,刮下肉来,打成鱼浆,加上一些淀粉、虾浆等作料,捏成型,下锅炸到表面金黄。这东西外表不起眼,下了火锅可是一绝,经过沸水洗礼以后,表面的油炸层变得酥软,且吸透了火锅汤的味道,一口咬下去,内里弹性十足的鱼浆把鱼肉本身的鲜香迸进嘴里,泛出了鱼肉特有的那种甜味。"甜不辣",果然是甜而不辣。

当然了,"甜不辣"这个名字和它本身的味道毫无关系。这是一个外来的音译词,它来自东瀛,日语的写法是天ぷら,写成日文汉字一般是天麸罗或天妇罗。而这个看起来无

大内义隆

方济各·沙勿略

厘头的名字则是来自葡萄牙语。

　　西班牙人和葡萄牙人是最早来到日本的欧洲人，这两个在大航海时代发迹的半岛国家对传播天主教都有着狂热的兴趣。1541年，西班牙籍传教士方济各·沙勿略（Francisco de Xavier）从葡萄牙的里斯本出发前往东方，在经过一段艰苦的旅程后，1549年8月，方济各一行人在今天的鹿儿岛市祇园之洲町登陆，捧着圣母像踏上了日本的土地。在经过了九州和京都的传教失败以后，方济各在1551年来到山口，谒见当地的大名大内义隆，获得了后者的传教许可，为天主教在日本的迅速传播奠定了基础。在此之后，路易斯·德·阿尔梅达（Luís de Almeida）、路易斯·弗洛伊斯（Luís Fróis）等传教士相继来到日本，开创了一个"切支丹（Christian）世纪"。

　　传教士和天主教不但带来了火绳枪、望远镜、西洋时钟等，也带来了一大堆西洋口味的吃的喝的。但是，欧洲的饮食习惯和日本有很大的区别，欧洲人以肉食为主，而日本人从古代开始就逐渐形成了趋避肉食的习惯。所以只有一部分的欧洲食物被日本人所接受，一些欧洲特有的食材也在此时渗透到日本料理中，出现了不少新的食品，其中最多的就是一些小点心和零食。

　　在现在日本九州东部的大分县大分市，就有一种叫作"ざびえる"的小点心，这种点心据说是方济各最早在当地传教的时候带来的。"ざびえる"是一种加黄油制作成的糕点，

ざびえる

它的包装十分精美,往往用黑底红线的天鹅绒,高级一点儿的有金、银两种包装,内装的小点心馅料也不同。金包装一般是西洋风的葡萄干和朗姆酒做成的内馅,而银包装的则是红豆或四季豆捣碎加蜂蜜、砂糖做成的"白馅"。据说女生在吃到撑满胃以后往往还能再吃下一大堆甜品,想必这种看着配料就很诱惑的甜点,在当地征服了不少少女吧。

除了食材以外,烹饪方式的变化也随着传教士的进入而冲击着传统日本料理文化。天麸罗就是西方和日本料理文化碰撞的结果。据说在16世纪中叶,一群传教士在外国人聚居的长崎街头炸东西吃,油炸引发的香味招来了附近一大群不明真相的群众围观。有好奇的人就问这在油里翻滚的食物究竟是什么玩意儿。葡萄牙人不懂日语,等听明白的时候就回答说了"Tempera"这么一个词,在葡萄牙语里意思就是加调味料用油炸,日本人拿着这个词到处问,于是就用葡萄牙语的发音,把这种油炸食品的方式叫作天麸罗了。

实际上,天麸罗的词源还有很多种说法,有说是从葡萄牙语 tempero(意思为调味料、香料)而来。另一种说法认为它来自西班牙语系中表示节日的词语"Tenpora",意思是天主教周五节日的时候吃的一种鱼肉食品。另有一种说法则更离奇,认为它是从一种西方绘画的方式"蛋彩画"的英文 Tempera 而来。蛋彩画是西方一种古老的绘画艺术,是把鸡蛋黄混进颜料粉里来绘画的方式,盛行于西方文艺复兴时期,而天麸罗里,鸡蛋也是制作面衣不可少的元素,和蛋彩画搭上边,倒让大俗的天麸罗带了几分艺术气息。

至于"天麸罗"这三个汉字的由来,也有许多种说法。一说"天"就是"表面"、"最外层"的意思,"妇"通"麸"指小麦粉,"罗"则是为配合译音借用的汉字(一说是代表薄薄的面浆的意思),用这三个字来音译这种表面裹粉油炸的食品是最合适不过了。对此,江户时代记录当时风俗的《守贞谩稿》却有不同意见。根据该书记载,在当时有一个叫利助的青年带着心爱的艺伎从大坂私奔到了江户,他找到了江户著名的浮世绘师、剧作家山东京伝商量说:"在大坂有一种把鱼用油炸过后食用的食物,我想在江户摆个摊卖这个,您能否给它取个名字?"山东京伝看了看他,就说道:"你是一个天竺浪人,把这个东西'呼啦'一声带来江户,就叫天麸罗吧。""天竺浪人"自然不是印度人,而是"逐电(ちくでん)浪人"的"逐电"两字的音倒转读作"でんちく",照读音冠上汉字"天竺"得来,这是江户人的反转读的旧习惯。"逐电"的意思就是居无定所的,无所事事的。在江户时代前期,由于幕府对各地领主的严格控制政策,地方大名人人自危,动不动就遭到幕府的削封乃至削藩的处分,大名一旦被削减封地,其手下豢养的武士也一并遭殃。根据幕府"忠臣不事二主"的价值观,武士一旦失去了主君,就只能沦为浪人。所以在前三代将军的"高压统治"下,出现了一大批无所事事的无业游民,这群人聚集到全国人口最密集的江户讨生活,利助就是这样一批人的代表。他们把天麸罗这种原本从九州一带传入日本的洋食品带进了江户,很快风靡全城,成为一种百姓食品。山东京伝取的这个名非常有意思,他取了"天竺"的"天",加上"呼啦"这个拟声词的读音,用"妇罗"这两个更符合食物性状的字顶替"呼啦",

就有了这样一个有文化气息的名字。

可以肯定的是,天麸罗不是日本土生土长的货,而是战国到江户时代西洋饮食文化进入日本的结果。当然,我们今天仍把天麸罗当成传统日本料理的代表。因为天麸罗的历史已经有上百年了,在长期的流传过程中,它已经被打上了深深的日本烙印。天麸罗(てんぷら)这个名字最早出现在成书于宽文九年(1669)的料理书《食道记》中,到宽文十一年(1671),料理书《料理献立抄》里介绍了把泥鳅裹上一层面衣然后下油锅油炸的料理方法,可以说,从此时开始,现代天麸罗的料理方法已经基本成形。到宽延元年(1748),江户时代的料理书《歌仙的组系》详细介绍了天麸罗的料理方法。天麸罗已经成为江户人最喜欢的食物之一。

现在葡萄牙的海边,也流行有鱼肉裹上面粉和蛋液油炸出售的即食食品,而距离葡萄牙万里之遥的日本,这种烹饪方式也入乡随俗,进入到百姓的餐桌,谁能想到这是这两个国家几百年前的交流而产生的奇妙结果呢?

2
受诅咒的天麸罗

提起天麸罗,很多人都会想到德川家康吧。在《信长的主厨》第五集,穿越到战国时代的厨师健奉织田信长的命令,用料理稳住家康的心。健在山寺的厨房里,用山茶树的果实榨出了一点儿宝贵的山茶油,把一条上好的鲷鱼切出鱼片,裹上面衣,煎到两面金黄,这道天麸罗风鲷鱼料理吃得德川家康泪流满面,连连称赞这简直是世界上最好吃的鲷鱼料理。

德川家康

江户城

当然了，对于战国时代的日本人来说，诞生于后来江户前期的天麸罗应该还是一个闻所未闻的新东西，油炸的东西本身含有高热量，口味香酥，对人，尤其是尚武者，有无法名状的吸引力，德川家康被这个穿越者厨师征服是情理之中的事情。

健之所以做这个料理，是因为他知道，家康晚年非常喜欢天麸罗，甚至有一种传闻说，德川家康是吃了有质量问题的天麸罗，食物中毒而死的。

作为江户幕府的开创者，日本历史上最有影响力的名人之一，德川家康死亡的传说历来有很多。最富传奇色彩的说法是德川家康在元和元年（1615）的大坂夏之阵中，本阵遭到真田信繁的冲击，不幸阵亡，而此后的家康不过是他的"影武者"假扮的。历史上的德川家康出生于天文十一年（1542），死于元和二年（1616），活了75岁，在当时社会属于长寿者，无怪乎许多中国的日本历史爱好者习惯性叫他"老乌龟"。这个人有乌龟两大属性——能忍和长寿，他与阎王为盟友，活得比织田信长和丰臣秀吉这两个他命中无法战胜的敌人都长，等他们都死光了，天下就落到德川家康的掌心了。德川家康长寿的秘诀有许多的学者通过历史文献进行了研究，认为：一方面，他保持着良好的生活习惯；另一方

日本味儿

天麸罗

面,他个人也有不错的医学知识。他在长期的军旅生涯中一直坚持健康饮食,吃蔬菜、米饭、鱼,而且绝对不吃得过饱,也坚持不酗酒。他喜好鹰狩,通过狩猎来锻炼自己的身体。他熟读《本草纲目》等医学书,日常服用八味地黄丸作为补品。这些都是他长寿的原因。

德川家康因为天麸罗食物中毒身亡一说,很长时间内成为史学界的定论。根据记载,在元和二年(1616)一月二十一日,德川家康在田中城招待京都商人茶屋四郎次郎,品尝当时最新的京都料理,据说当天家康心情很不错,一高兴就比平时多吃了一些 —— 大鲷两片,甘鲷三片。烹饪的方式当然不会是江户时代中期才成形的裹面衣式的天麸罗做法,严格来说德川家康吃的甚至不能叫天麸罗,而是类似今天称作"唐扬"(から揚げ)的做法:把肉在调味粉里蘸一下,沾一点薄薄的面粉或小麦粉就下锅炸。这种做法不会像天麸罗那样表面有层厚厚的面衣。而德川家康的去世是在当年的四月十七日,如果说是食物中毒的话,哪怕家康吃了地沟油炸的鲷鱼,也不会在三个月后才取人性命。根据德川幕府官修的《德川实记》记载,家康死时的情况是"暴瘦、吐黑血,腹部膨胀"等症状,从现代医学角度看,应当是胃癌晚期的症状。家康晚年喜好吃天麸罗的传言应当是空穴来风,但未必无因,想必他平时确实有吃油炸物的癖好,长期摄入过多的油炸物也确实伤胃,会使胃癌的发病概率大大提升,以此推测,德川家康很可能是死于胃癌。

既然家康因吃天麸罗食物中毒一说被证伪,意味着另一个传言也被证伪了 —— 因为德川家康死于天麸罗,所以江户城(这里仅指德川将军所居住的江户城,不包括江户城下市民武士居住的各町)中禁止制作天麸罗。似乎天麸罗成为德川幕府的一个挥之不去的魔咒。实际上,江户城中确实有不得制作天麸罗的规定,但其原因却并非是因为德川家康的死。这还得从天麸罗这种食物在江户时代的流传特点说起了。

江户时代卖天麸罗的大多为街头小摊贩,以"屋台"的形式兜售。几块大木板拼接成一个小屋子形状的可移动的摊位,类似于今天街头卖小吃的流动车,架上一口大油锅,把萝卜、鱼等食材裹粉,嗞啦嗞啦炸得香飘十里,吸引食客聚集。吃的时候,把炸好的天麸罗用一根竹签子串起来,像糖葫芦一样卖给市民。用料便宜、成本低廉、薄利多销,是江户下层民众的食品。将军和大奥里的夫人们日常自然不会吃这种"下贱食品"。更何况这种东西在制作过程中有一大危险 —— 消防隐患:火烫的油锅、木制的屋台、一把把的竹签子,怎么看都是一处处流动的火源。江户聚集着全国最多的人口,房屋鳞次栉比,且多属木结构建筑,一旦引火,顺风一吹就是一大片。明历三年(1657)江户发生了一场大火,连江户城天守阁在内的大片建筑和大约三万以上江户人的性命都为祝融所夺走,这是一场在日本历史上损失仅次于1945年东京大空袭和1923年关东大地震的巨大灾难,也是日本史上第一大火灾。惨痛的教训令江户幕府和江户人闻火色变,组织起了训练有素的消防队伍。将军居住的江户城自然是重点保护对象,绝对禁止天麸罗这种火灾隐患进驻。

那么,这是否意味着天麸罗就在江户城中绝迹了呢?答案是否定的。虽然将军本人和来自京都公家贵族的正室夫人不吃这种"下贱食品",并不意味着侍奉他们的那些女官们不吃。实际上,许多进入将军的后宫 —— 大奥的女官来自低层民众家庭,甚至非武士家庭,即使她们后来得宠成为将军侧室或成为大奥权势熏天的御年寄(大奥女官职位,主理大奥事务并管理女官),并不能掩盖她们出身低微的事实,也不能排除她们当中有人敢于违反禁令暗地里偷偷做上点儿满足口腹之欲。但也有明目张胆的,天保十二年(1842),江户城里就发生一起火灾,导致几百人死亡,火灾的原因据说是当时独擅大奥大权的上臈御年寄姊小路要吃天麸罗,女官在油炸的时候不慎引发了惨剧。事后,这位首要责任人仰仗权势,找了一个替罪羊把责任一推了之。

传闻江户幕府的最后一任将军德川庆喜是个疯狂喜欢天麸罗的家伙,由于城内不做那玩意儿,这位将军就让人拿个直径五寸的特制碟儿到城下町的天麸罗屋去买,一买就是一大碟。

一直到明治维新后,关西一带才出现了专门的天麸罗店,天麸罗也从大街上走入了室内,到1923年关东大地震以后,东京变成一片废墟,为了灾后重建,大批的关西厨师进入东京和关东一带,开设了天麸罗店,天麸罗在关东也进入了室内,从一种街头小摊零食变成了正式日本料理的重要组成部分。

3

"萨摩扬"和"精进扬"

天麸罗是一种非常居家的料理,它不需要花哨的技巧,也不需要复杂的工艺,只需要控制好油温,把鸡蛋打入小麦粉里,加水调和均匀,做成"面衣",将蔬菜或海产品裹上面衣下油锅一炸,黄澄澄的天麸罗就闪亮出锅了。

但日本人偏有种较真的劲儿,把简简单单的天麸罗也搞得五花八门,日本人把天麸罗分为"金ぷら"和"银ぷら"两种,一些性格上有点儿执着的日本人把"银ぷら"当作"天麸罗道中的邪道"加以唾弃,因为他们觉得,天麸罗就应该是金灿灿黄澄澄的颜色,这样才有食欲,那种表面看着惨白的天麸罗吃了绝对会下地狱的。"金ぷら"是文政年间(1818—1829)江户一个叫深川亭文吉的人创始,文政年间正是德川幕府将军德川家齐主政的时间,以奢靡风著称,金色的"金ぷら"似乎就象征着这个时代的审美情趣。

天麸罗

　　那么，什么叫"金ぷら"？什么又叫"银ぷら"呢？从名字上来看，就是颜色的区别，一般面衣里蛋黄比重比较多的，天麸罗就会呈现蛋黄的金色，那就是"金ぷら"。反之，若蛋白比重大，天麸罗就会呈现白色，那就是邪恶的"银ぷら"。为了做出色泽正宗的"金ぷら"，早期的日本人还费了不少心思，一开始就往小麦粉里加荞麦粉，但荞麦油炸以后看起来黑黑的不雅观，于是改加苦荞粉，炸的时候也采用色泽相对出众但价格也很昂贵的山茶油等。现在的日本超市里甚至还有配好的天麸罗粉出售，除了小麦粉、淀粉、米粉、泡打粉这些基本材料以外，还根据口味和色泽的不同，加入抹茶、山芋、紫苏叶等材料。更何况江户时代由于食用油短缺，卖给市民大众的贱价天麸罗往往只用菜籽油，而今天的天麸罗还用芝麻油、橄榄油等各种高级食用油，制造出不同的口感。经过百年的发展，天麸罗已经是百花齐放，不再是"金ぷら"一枝独秀了。

　　天麸罗既然那么高的技术含量，原材料的选择就变得十分重要了。比起面衣、油，更重要的当然是食材，用什么东西裹面衣下去炸，直接关系到最后成品的好吃程度。所以，高明的天麸罗厨师会告诉你"タネの好坏占七分"。"タネ"就是天麸罗所用的食材，早年江户的天麸罗一般就采用东京湾打上来的新鲜的海虾、银鱼、蛤蜊、海鳗等海产品制作，咬破面衣以后，裹在里面的海水清香配合着海产品水灵水灵的嫩肉直接冲击味蕾，这就是江户的天麸罗风靡全城的奥秘。除了海产品以外，还有一种就是使用"野菜"做"タネ"。在日语里，"野菜"指的是一般的蔬菜，而中文里的"野菜"，在日文里叫作"山菜"。古代日本只有牛蒡、蘑菇、山芋等不多的"野菜"。到8世纪开始出现芜菁、大根（白萝卜）、茄子、芋头、莲藕，战国时代到江户初期，随着西方人进入日本的，有番茄、辣椒、胡萝卜、南瓜、番薯、马铃薯等蔬菜，到天麸罗盛行江户的时候，日本的"野菜"已经极大丰富，加上一些野生的"山菜"，为天麸罗提供了诸多的食材。

　　这两种不同的食材就又把天麸罗分为两大派，一派叫"萨摩扬"（薩摩揚げ），一派叫"精进扬"（精進揚げ）。

　　"炸"在日语里写作"揚げ"，而"萨摩扬"是关西一带的叫法。关西那边完全是萨摩扬和天麸罗傻傻分不清楚的状态，天麸罗都可以叫萨摩扬，原因也很简单，关西一带基本都是拿鱼或海产做"タネ"的。另一种叫法叫"半片",日语读作"はんぺん",半片本身不是油炸物,它是一种鱼浆成型品,也就是我们吃的"甜不辣"去除面衣后的内里部分。其名字一说是源自其创始人——江户时代骏河一带的厨师半平,另一说是来自其外形——都是做成半月的形状。关西人之所以把"半片"和天麸罗扯在一起,因为"半片"一旦裹了面衣油炸,也就是他们吃的天麸罗了。实际上,经由中国台湾传到大陆的"甜不辣",都是来自日本关西的这种萨摩扬。萨摩在日本九州岛的最南端,和冲绳、台湾隔海相望,就近能获得东海和太平洋的庞大渔业资源,从萨摩一带发源起的以海产为主料的天麸罗,走了两条传播路线,一条向东传播,遍及日本;一条向西传播,漂洋过海化身为"甜不辣"。如果你到日本关西或台湾夜市里走一走,就会发现用鱼加糖、盐整形以后做成的各种各样的萨摩扬,有鱼丸子形状的,有圆盘形状的,有长方形状的,都用竹签子串着等待着食客挑选,实在是户外摆摊小本经营的首选。

至于"精进扬"就是以野菜为"タネ"的一派。"精进"是佛门用语,意思是"守戒律之事","精进料理"就是严守佛家戒律的料理,通俗地说就是素斋。精进扬也就是用"野菜"做成的天麸罗。曾经在杭州的寺院里吃过那么一回素斋,上来的菜只能用"巧夺天工"来形容,西湖醋鱼的鱼身用的是豆腐皮炸成形,里面包裹的"鱼肉"是豆干丝;龙井虾仁用了素鸡来做成虾的形状,下口真伪难分。但吃完以后,几乎所有的朋友都说了一个字:"油"。甚至有人开玩笑说,终于知道大和尚们为什么天天吃素还油光满面的,敢情是吃油吃的。仔细想想,若站在僧人的角度,素斋确实该多放油。僧人要守戒律,但人若不沾荤腥,恐怕也会缺少诸如动物类脂肪等必需的营养,太寡淡的素菜也很难下咽,所以适当摄入些高油脂的料理,可以从营养和口感两方面来弥补这样的不足。从寺院里传出来的精进扬恐怕也是这种"曲线偷腥"的产物。油炸虽然不健康,但能奇迹般地把蔬菜变得如荤菜一样可口,譬如《舌尖上的中国》曾介绍的"藕夹",笔者在试做一次后,突然发现原本口感清冷的藕变得如此的香甜可口,这一转变,个人认为中间夹的那点儿肉末只占三分,而油炸要占了七分,"野菜"做成的精进扬估计也如藕夹一样,征服了不少高僧的胃吧。

天麸罗已经是一种文化,在日语里,常常用天麸罗比喻各种东西,特别是那种包装华丽但里面完全不是那回事儿的东西。有一个曾经在东京很流行的俗语叫"天麸罗学生"，指的是以前日本大学尚有校服的时候，穿着校服伪装学生进学校"蹭课"的那些"学生"，现在，日本大学没有了校服，这个词语也就销声匿迹，只存在于一些老人家的记忆或小说故事中了。"天麸罗学生"和天麸罗一样，包了一层"校服"的皮就面目全非了。有一些镀金的制品也被蔑称为"天麸罗"，想象一下，买回去一个金碧辉煌的玩意儿，用手指一抠，里面却是铜，这样的西贝货和天麸罗确实有几分像呢。

5

禅意——
怀石料理

1
武家风 —— 本膳料理

刺身、寿司、渍物……这每一味日本料理，都是一个个独特的故事、一段段美好的乐曲，那么将这些融汇进来，按照自然规律与社会法度，列出的餐饮仪仗，便是一部大河剧。本膳料理作为日本料理格局的最初模式，流传至今，是料理界的传世之宝。

公元 15 世纪初的日本北山文化，最讲究奢华与贵族气度，流光溢彩的服饰，多种多样的饮食，逐渐形成规范，在武家上层文化中，觥筹交错必不可少，武士的刀且束之高阁，仅供观瞻，而料理人的刀却越加锋利，各色美味让人沉迷。耽于食色的将军终于招致了祸端，承平日久则奢靡忘本，合久必分，应仁之乱后，日本陷入了群雄逐鹿的战国时代。很稀奇的是，战乱时代，恰恰是催生各种新文化的热土。东山文化时代，各地的大名进京勤王，也带来了多种多样的文化风俗与物产美味。

在这一时期，全国各地的土特产聚集到了京都，《庭训往来》四月状中记载，"越后的腌鲑鱼，隐歧的鲍鱼，周防的青鱼，近江的鲫鱼、淀鲤，备后酒，和泉醋，若狭米楮，宰府的栗子，宇贺的海带，松前的沙丁鱼、夷鲑，筑紫的稻米"都来到京都，食材变得多种多样起

来，兵精粮足，更有排兵布阵的资本。

在室町幕府后期，沿袭奈良平安时代的"式三献"，越加丰富了法度，本膳料理渐渐完整起来。在这一时期，上层武士经常会在家中招待君主，为了表示对君主的效忠与尊重，武士家庭逐渐形成非常繁复的宴请礼仪，其中主要包括"酒礼、飨膳、酒宴"三部分。"飨膳"，就是吃饭，用自己家的特色，经营一桌丰盛而符合法度的料理，即为本膳料理。

其时，本膳料理无论是吃的内容和吃的方式以及吃的意义，都已经形成体系，诸多武士、大名参照门第礼法形成饮食定则。

室町时代最高水平的本膳料理，是大名宴请将军时所准备的，别看只是一顿饭，一天一夜的时间，繁复的礼仪却足足可以写成一本书。如同《红楼梦》中，元春作为娘娘，回贾府省亲，贾府很早就提前准备，上到家主下到奴仆，见天儿地忙碌，直到元春到家门口，忐忑地大礼相迎。

将军来临之前，要先准备冠木门（有点儿类似我国的牌坊，不知是否是从汉唐借来的典制），然后家里如果有很破旧的屋子，要好好改造翻新一下，很像我们请客前先要打扫一下房间，把破瓶烂罐子都藏起来。此外，食谱要早早准备出来，备好食材，同时，也要做"能剧"的演出准备，在饮食间歇时献上，既食且乐。

　　将军于未时抵达武士宅邸，寒暄礼让后，开始用膳，此即享用本膳料理的时间。

　　君主与武士们正襟危坐，由侍者呈上本膳。"膳"字，来源于中国，是古代对饭食的文雅称呼。而在这时的日本，"膳"则是一种餐具，称为食案。

　　本膳如大将军列阵，军纪严明，法度深藏，六军阵列，暗合天机。左前方的"领军"是米饭，右前方的"护军"是味噌汤，左上方的煮物是"左卫将军"，右上方的脍（切得很细的肉丝）是"右卫将军"，中间被称为"香物"的酱菜则是"骁骑将军"。而由于食客的身份地位不同，作为"游击将军"的，则有可能是"二之膳"、"三之膳"，逐次添加，甚或达到"七之膳"，遍布本膳的上下左右。菜肴由"一汁三菜"，渐增至三汤十一菜。同时配以各种相应的御果子，有类"斥候"（侦察兵）。

　　本膳料理中，各种鱼虾蟹贝，甜咸酸辛，变着花样地蒸煮腌渍；山珍海味，橙红橘绿，挖空心思地布置摆盘，色彩鲜艳，良辰美景，歌吹风物，无不精良到极致。

　　如此大餐遍布面前，即使贵为将军，恐怕也要垂涎，饿了一中午了，心动不如行动，却不能乱动。理法制度严密的时代，吃本膳料理的礼仪，稍稍越矩，则失仪丢脸，在重义轻生的和风文化中，这是比命还重、比天还大的事。因此，即使食客饿得两眼发绿，在进食本膳料理时，也不得不规规矩矩地按部就班。

　　最初的本膳料理，桌上有两双筷子。这倒很像很多中餐，有公筷，有私筷。但是本膳料理却是一份对应一个人的，两双筷子，一双是专门用来吃肉的，称为"真名箸"，另一双则是用来吃菜的。但这种吃法需要换来换去，非常麻烦，想要吃得有效率一点儿，除非有周伯通的左右搏击之术，双手能各拿一双筷子，左手夹肉，右手夹菜，不过这样的吃相似乎更加不雅。到了室町时代末期便直接只用一双筷子，由于尖端非常尖细，不会带过多的汤汁，也不容易串味，食客的手总算从两双筷子中解脱出来，但吃饭的速度却并未加快。

　　本膳料理中，正确的食用方法是吃一口菜，就要吃一口饭，交替进行，不然一味地乱吃，想怎么吃就怎么吃，要么会被人看成是土包子，不懂礼数，要么会让同座者觉得你这个人不尊重他，不在乎他，心生厌恶。本膳料理本来就不是给忙碌的人吃的，这里，吃的是排场与气度，暗含的是礼法与门第，讲究的是一种上位者的从容。

　　而大名宴请将军的同时，将军的随从们以及大名的武士们，也有幸分食着各自阶层的本膳料理。几百上千人分批次地动筷子吃吃喝喝，本膳料理把武家文化充分体现出来。

　　不过，任何一种形式，在繁盛到一定程度时，都会走向其反面。越注重形式的繁复，越容易华而不实。在江户时代，虽然本膳料理的形式依旧复杂，但在本膳之后，多了一种"袱纱料理"。这种被称为"味本味"的料理，简约而有滋有味，越来越受人们喜欢，而本膳料理繁复、华而不实，遭到了人们的冷落，渐渐淡出了饮食舞台，袱纱料理这个小弟取代了本膳"大哥"的地位，在怀石料理出现后，本膳更加式微。

　　时至今日，本膳料理已经算是日本料理中的古物，传统而正式，只有在红白喜事时，偶尔能够见其踪影，虽然，规矩依然复杂。

2
旬、季节感

在日本，有各种"道"——茶道、花道、剑道，以及空手道……日本人对"道"的执着，那经久不变的热情，可以说是崇尚，更是信仰，敬若神明。

道者，自然之道。人从自然中来，应该尊重自然，遵守自然的法则，探索自然的终极奥义。

在东亚季风的吹拂下，日本四岛在海洋的包围中，四季分明，空气十分湿润，山地多平原少，牛羊不多。然而日本拥有世界上最大的渔场——北海道渔场，山间与原野中，各种植物也为人们提供了广泛的食材。

各种各样的蔬菜与千奇百怪的鱼虾，它们遵循着自然之道，孕育、繁衍、成长、成熟，在最完美的时刻，被做成各色美味的料理，呈上人们的餐桌。

山与海，赐予了日本人各种食物，季风则让四季变换，在不同季节带来不同的味道。受自然的馈赠，自然要顺应自然，利用自然，与自然共存。美国社会学家富劳莱丝·克拉克霍恩认为："美国人和苏联人认为自然应该由人来征服，墨西哥的农民认为人应屈服于自然，而日本人则认为人应与自然保持调和。"因此在日本料理中，最大的特点，就是符合自然之道，不但在色、香、味上自然而然，也非常注意突出自然的变化，日出日落，阴晴圆缺，春夏秋冬，周而复始。

在日本料理中，旬是选食材的"眼"，就如季语是俳句的"眼"一样，都是其精髓所在。很多日本的菜名，甚至和果子的名字，都来源于和歌与俳句，而将它们统一的，却是季节之感。

《枕草子》中言"春天是破晓时分最好的……秋天是傍晚最好……"日本人对于自然是敏感的，季节的更替，一时一刻的变化，雨乱风散，雪霁天晴，都寄托着他们的感叹。

黛玉看到红消香断，都会哭得梨花带雨，葬花悲吟。和风虽向往禅意与空明，却无法阻止日本人对自然的"物哀"之情。人生不如意之事十之八九，一生一世且如此，更何况千古的愁思。春去春又来，人生无定数，人面不知何处去，四季来去如约而至。因此，在饮食中，每年中的这个时候，吃到同样的料理，又如何能不怀想去年、前年，往昔的某一年，曾与某个刻骨铭心的人，在同样的季节里，品尝同物？只是物是人非，记得味道，便无法忘记相思。

不过，在料理师眼中，食客对于季节的敏感，只是在外观上的，他们要把握的，却更加全面。在食物的颜色、香气与味道中，要体现季节感，同时，食物的营养与入口的感觉，也要适时。

日本庭院　　　　　　　　　　　　　　　　日本料理

所谓的"旬"，就是在食材味道最鲜美的时候，营养最丰富的季节，将其做成与时节相对应的料理。食材各有性格，或温补，或寒凉，有通气的，也有聚气的，秋冬进补，春夏生发，此外也根据食客的体质不同，在特定的季节里，进食不同性格的食材。这也是孔子所说的"不时不食"——不合时令的，我不吃；不在当季的，我不吃。料理之道，也是养生之道，在日本人的饮食观念中，料理的每一种食材，都有其药用价值。吃饭即是吃药，按时吃"药"能让人长寿，身体健康。

现代科技水平逐渐提高,温室栽培颠倒了冬夏,冰箱冰柜延长储存期,高速路与航空运输将地球变成一个小村,上午在香港吊着威亚,下午就能跑到伦敦喝咖啡、逗鸽子。然而对于食物来说,不坏不代表好吃,冷冻之后失了水分,很多天然的成分随之被破坏了。反季不代表有益,既没营养,又不知道未长成期间,被涂抹了什么可怕的玩意儿。

曾经看到过一篇日本质检员写的日志,他声称,从来不让自己的女儿吃街头的小烤肠,因为那东西他做过质检,里面有 30 多种添加剂,都是化学成分的工业原料(虽然是食品工业的工业原料)。工业,摧毁了很多原本按照自然规律可以长寿的东西,包括人体。吃了那么多的工业原料,难怪癌症如此高发。

很多吃过和式料理的中国朋友,都抱怨太清淡,不好吃。是的,习惯了苏丹红的舌头,早被工业辣椒精搞麻木了,如何能品得出自然的原味?去餐馆吃东西,味觉上想吃的就是地沟油、盐重、油大、辛辣 —— 别的味道,根本没感觉。这是食客的悲剧,也是料理的悲哀。

在日本料理中,即使酱油、酒、酢等调味品,都不可以太浓,这样食材本来的味道才能得以发挥,食客才能够品味出四季变换的感觉。因此,这既是一种视觉的盛宴,也是舌尖微妙的享受,要洁舌自好,才能品出自然与季节的味道。

应季的东西也让人愉悦、浮想,比如春天在吃寿司,一份樱花卷,能让你想到自己坐在樱花树下,欣赏落英缤纷,莫把春辜负。

四季给人们提供美景、饮食,人们又赋予四季以人的感情,在欣赏的同时,让自己的身心与自然调律步调一致。这也是李泽厚先生所说的"人的自然化"与"自然的人化"在相互作用。春樱夏实、秋枫冬雪,鲜明的季节带着不同的颜色走上餐桌。

竹为墙木铺地的质朴建筑中,择一静室,耳边偶有计时的水竹叮咚,墙壁上,挂着仿黄公望的《富春山居图》,清润而超逸,暗藏浑厚气度。室内一角,应季的樱荷菊梅,静静开放。身着宽大华丽的和服,和服上,随着季节变换着花鸟,或樱或梅,浅紫殷红,也有松竹,淡绿藏青。

盘中之物,一道道呈上。每盘里,只有那么一点点 —— 贵精不贵多,如花道的理念,有时一朵花,却比一百朵花更有意境,更能集中体现自然之态,把所在季节的美绽放出来,一叶知秋。日本料理是用眼睛来品尝的料理,不仅食材要保持合时令的鲜味,加工好的料理,即使非常精微,也要在形态上体现季节的美感,同时,装盘的器皿也要根据菜品以及季节来布置,从质感、色彩、形状、花纹上,精心挑选,体现当时美景,这样的器皿,很多是料理店专门定制并收藏的,有可能你手中的一个看起来很粗朴的碗碟,比你面前一桌子怀石料理的总价还要高昂。

在这精挑细选的碗碟所构成的舞台上,食物的美充分绽放出来 —— 春天的繁花锦簇,夏天的碧塘蛙鸣,秋天的硕果累累,冬天的银装素裹。怀石料理,最能完整地体现出这种感觉。

虽然怀石料理是以茶道的"和静清寂"为理念的,但"季节感"却更直观地入眼、入味、入心。

怀石料理坚持原则,在每个季节中,必要选择在此时最优秀的食材入膳,以保证食物在其最巅峰的时期,将其天然纯粹的美味,淋漓尽致地展现出来,作为辅助的,调味料都用得非常的精简。

在不同的季节,芋头、小茄子、萝卜、豆角等菜蔬果品,被制成各种变幻莫测的形态呈现盘中,有时不入口,你甚至猜不到它是哪一味。而各种菌类,大小蘑菇,也在自己最繁盛的时期被采摘,星星般点缀在各个盘碟之间。惹眼的是鱼虾,春季吃鲷鱼,初夏吃松鱼,盛夏吃鳗鱼,初秋吃鲭花鱼,秋季吃刀鱼,深秋吃鲑鱼,冬天吃鲫鱼,这一节万万不可弄错,此番料理的胜负之数,俱在此处。

虽在方寸斗室,口中却含着沧海深山、春夏秋冬,让心去步入浩瀚天宇,徜徉古今,走入自然之态。粟田勇先生说:"日本人只有确信自己的脉搏与天然的节奏同步跳动时,才能感受到生命的存在。"对自然的敏感之下,是深藏的对自然的认同感与归属感,如在精灵树海中的阿凡达,只有在这里,他们才能汲取更多的能量,才会有生存下去的希望。

清少纳言在《枕草子》中,有这样一句:"坐着牛车在山村行走途中,飘来阵阵被车轮碾碎的艾草的清香。"如今,坐在斗室的我们,同样咀嚼着艾草的清香,与千年前的清少纳言品尝着同样的季节味道,千年如一季,在舌尖上穿越如虹的岁月。

3

怀石与禅

　　家中有位信仰天主教的长辈,曾告诉我说,不要吃猪肉,猪身上有魔鬼。我当时很纳闷,只有回民才不吃猪肉吧?后来升入大学,上了宗教史学的课程,才明白,经书上说的是在某些仪式期间,要"诸肉不食",而非"不食猪肉"。虽然耶和华也曾告诫以色列人,猪分蹄而不倒嚼,是不洁净的肉,却并未禁止其他信仰者吃。而阴差阳错的误读,让很多信徒却真的"猪肉不食"了。

　　佛陀在为比丘定制的戒律中,却曾明确规定"过午不食"(律部中也称"不非时食"),也就是说,从头天中午,到第二天黎明,什么也不许吃。这条戒律理由很多,吃得少,不容

怀石料理

易昏昏欲睡，比较利于进入禅定状态，有更多的时间思考宇宙人生，让肠胃得到充分的休息，也让胃肠更洁净，不仅如此，还可以避免吃饱了有力气去想些花花世界的男欢女爱，再有，就是三世诸佛各路菩萨都过午不食，他们是广大信众的偶像，应该全面模仿，才利于早日参禅成佛。这种修行，叫"持午"。

"过午不食"这种修行很容易推广，因为谁都可以做，无论男女老少、智商高低。虽然"宁可让肚子受屈，不能让精神空虚"，但是人的定力有高有低，不是每个人都可以抵挡饥火焚心的，即使向往成佛辟谷，但人毕竟是人，一顿不吃饿得慌。在日本的僧人们，就开始想办法。本来寺院的素斋就没什么油水，每天诵经、修行、参禅，那也是非常辛苦的，有时候甚至会诵经到半夜，饥饿的邪火开始燃烧，全部精力都放在抵抗饥饿上了，哪里能集中精力继续参禅。为了不违反戒律，僧人们将庭院中的石头在火上烤热，放入怀中，温热的感觉透过肌肤，让抽搐的胃肠有少许的缓解，可以继续参禅，挺到天亮，终于可以吃东西了。

渐渐地，一些头脑比较灵活的僧人，偷偷地将两三块点心藏在怀里，代替石头，在漫漫长夜，充饥解饿。而这最初的温石和点心，竟然慢慢发展成了今天的怀石料理。

僧侣的生活是清苦的，普通人没办法忍受。如果也想参禅，让自己摆脱烦恼，暂时进入空寂的境界，可以通过茶室。这是一个从喧嚣的尘世到安静的禅境的空间 —— 虽然，用空间这个词来形容禅境是不准确的。《维摩经》里记载，维摩曾经在一个五六平方米的室内，与文殊菩萨和八万四千佛家弟子开会。看起来像一个谎言，但实际上却在阐述一种佛教理念，对于已参悟禅理之人，空间并没有界限，明镜亦非台，大有平行宇宙理论的意思。

这也是怀石料理想表达的一种理念。一个硕大的盘子上，只放一块鱼肉、几个豆、两朵小蘑菇 —— 分量真心少啊。即使一个全程走完，也仅仅是八分饱，意犹未尽 —— 要的就是你这种意犹未尽。

缺憾，便是圆满。

圆满的觉悟，是雨落桂花、朝夕易逝的美丽与芬芳，余下的时间，留给曾经拥有的回想，将那点滴美丽，栽种在自己心间，积淀为灵魂深处的阿赖耶识。

日本花道名家池坊专应曾揭示插花奥义："仅以点滴之水,咫尺之树表现江山万里景象,瞬息呈现千变万化之佳兴。正所谓仙家妙术也。"如国画大写意中,大片留白,有一缕青墨,缱绻于淡淡烟水,反而比满屏的山重水复更有意境,这便是日本禅宗所说的"空寂美",给人以开阔的视野和无限的遐思。

怀石料理,是日本料理精髓的体现,将文化中的禅意,从一碗一碟、一汁一菜中,幽幽地散发出来。

虽是用餐,却无不暗合禅宗戒律与茶道礼仪。言行举止都要规范庄重,不能失礼。席地,臀部放于脚踝上,上身挺直,双膝并拢,双手置于腿上,目不斜视,叫正坐。看似简单的坐姿,却不容易做到,如果是初学者,坚持不到三五分钟就投降了,性格倔强的咬牙坚持个十几二十分钟,恐怕要被人抬着出去了。很难想象,这是我国在南北朝以前最基本的坐姿,而现在国内却基本没有几个人会坐了。所谓的"坐有坐相",讲的就是这种"坐"。在我国古代,孩子学习的第一项礼仪就是"坐",这也是一种修炼,磨炼意志,摒除焦躁不安,修身养性,使得气质上挺拔干练,性格上严谨坚韧。

从抱着石头抵挡饥饿,到听禅茶点,怀石料理与禅是分不开的,而茶道发展,更是离不开怀石料理与禅思。怀石、禅、茶,都是日本传统中的文化遗产。很多高级料亭的布置,都参照传统的茶室风格,以求一种对古代文化的复原。

寺院中临时充饥的食物被称为"怀石",而茶道中,将禅宗的东西借鉴过来,茶前简单的用餐,最初被称为"茶会料理",而在立花实山的《南方录》中,为了增添禅的味道,"茶会料理"被称为"茶怀石"。

最初的茶怀石非常简单,也参考了当时比较正统的本膳料理,基本只是一汤三菜,或稍有变化。随着茶道的发展和繁盛,茶怀石也逐渐丰富起来。这种丰富,却不是像我们国家的宴会那种丰盛,讲究的是山珍海味中,选择最珍贵难得的食材,人参鹿茸熊掌燕窝之类的。怀石料理的取材,基本是日常可见的食材。难得的,却是旬味与料理人的匠心。

至于摆盘,则无不效仿自然,每道菜都是一首诗、一幅画,是盘中的美景,一动一静,如

同小原流的大师插花,"集自然与艺术于一体,缩崇山峻岭于咫尺之间"。传说丰臣秀吉曾经考验千利休,给了他一个盛了水的铁盘子,还有一枝含苞待放的梅花,就让他进行插花。周围人都为千利休担忧,插花向来是在瓶子里进行的,这不是难为人吗?千利休面露悲情,他将梅花的花苞与花瓣用手指碾碎,花瓣一朵朵散落在水面,而最后光秃秃的花枝,被他斜倚在铁盘旁。即使风霜雨雪也无法让梅花低头,强权却能让它零落,只剩傲骨。丰臣秀吉也被这一幕感动得落泪。

虽然千利休的梅花不能吃,但是这种美学理念,却在怀石料理中无处不见。借花一样的景致,传达一种心情与禅意。

一餐怀石料理,通常菜肴会有十几道,分为"先付"、"前菜"、"御造里"(刺身)、"烧物"、"肉物"、"煮物"、"锅物"、"蒸物"、"酢物"、"食事"(米饭)、"汁物"(汤)、"香物"、"水果子"

怀石料理

（甜点）等等（有些地方会稍有变化）。而这些，只是一个人的单独饮食，一套流程下来，如佛教法事，孰先孰后，皆有定规，例令行止，不得逾矩。虽然不像本膳料理那样，一口菜一口饭地刻意讲究，但菜既然上得有前后，这里面就有文章，比方说，前菜，是用来开胃的，你就不能到最后才开动它，"汁物"即使碗子很小，也不能仰头一口喝掉，那不是品尝料理，而是猪八戒吃人参果。饮食有法度，这既是饮食的哲学，也是饮食的科学，饮食的布局与顺序，对人的健康，有直接并且长久的影响。

每道菜的内容，也会根据季节的不同，有所变化。春夏秋冬的时令菜、不同季节丰收的鱼，都被摆上案板，选取最合适的部位，用最能发挥该食材美味与营养的方式，或割或烹，烹饪成恰到好处的味道，小心翼翼地布入盘中，这其中所花的功夫，一言难尽。一碗汤，甚至会连续煮四五天，每天煮十几个小时。盛装料理的餐具，以粗朴简洁、自然大方为佳，虽然笨拙却敦厚，色彩清淡却线条柔和。在一整套料理中，不同的菜间，你很难找到两个一样的碟子，因为在大自然中，你也很难找到完全一样的两棵树。

除了静静绽放在碟中的料理，室内的铺陈与摆设，一花一几，柔和的灯光，都静静地散发出禅意。在品味怀石料理的同时，你可以慢慢地边欣赏，边饱口福边静思，而这时，卸下平日的各种身份的装扮，就作为一个单纯的人，自由自在地品味大自然赐予的美味。不多看，不多想，从领悟到超脱，回归真我，达到无色无相的境界，才真正地凌驾于尘世之上。

北辰一刀流的创始人千叶周作经常给弟子讲这样一个故事。有位樵夫进山砍柴，遇到了一只叫"悟"的野兽。这种野兽非常珍奇，樵夫想捉它。结果悟说："你想捉我？"樵夫被说中，非常吃惊。"你在吃惊。"悟说。樵夫又惊又怒，想杀掉悟。悟又说："你想杀了我是吧？"樵夫无奈，放弃了杀念，继续砍自己的柴。"死心了是吧？"悟讥笑道。樵夫虽然讨厌它，却没有办法。这时樵夫的斧头忽然从把手上脱落，飞出去击中了悟的脑袋，悟这头怪兽一命呜呼。这个故事是想告诉人们，即使再有本领的"悟"，遇到没有思想的斧头，也会被击倒。如果想立于不败之地，就要让自己无私无欲，自然界的一切，能够长久存在的，都是无私无欲的。

　　怀石料理,被称为日本料理的神髓,其不媚流俗的清冷净心,遗世独立却又明朗美丽,既有空玄与物哀,却又不失活泼的生机,深深切合着禅理天机,也体现着禅宗思想与崇尚自然的日本精神的调和。

6

幸福满满的米饭
——丼物

1
还是米哦

 曾经看过李碧华的一篇小品,说有个女人,皮肤出了问题,世界各地跑遍,也没查出是什么病,最终发现,她吃米饭过敏。人也要有条件才会得这个病,就像那些富贵病,老天爷下了惩戒,鸡鸭鱼肉什么的,对他们来说都是毒品,统统不许碰,之前吃得够多了,现在只准吃青菜豆腐。

 这些敏感的病,只能生在那些困在"优越生活"的牢笼中的人身上。建筑工地的大叔,端碗米饭,上面淋上各种大锅炒出来的菜,蹲在路边大嚼。"米饭过敏"是什么东西? 即使得了,再添两碗饭,吃啊吃慢慢地就有抗体了。

 这种米饭上盖着菜的简易食品,在日本称作"丼",是一种大众化的速食。"丼"这个字蛮奇怪,像是向井里丢了块石头,"咕咚"一声,因此又有很多先生,很拟声地把它读成"dong"(阴平),这个字在古汉语里,确实也有将石头丢到井里的意思,但是中文里它与井同音,在日文里,却读"don",还是"咚"(上声)。丢石头在井里和吃饭又有什么关系呢?

 日本的"丼",最初指的是吃饭的碗,很深的钵。在江户时代,有一家专卖单份食品的店子,叫悭贪屋(けんどんや)。听起来很神奇,一个摆开八仙桌招待四方客的食店,居然敢叫"悭贪",人家都是王婆卖瓜,自卖自夸,他怎么明目张胆地自我批判了? 难道不应该是很挑剔的食客,对于店家不满的时候,才会满嘴"小气抠门"、"贪心爱财"地骂吗?

悭贪屋的店家,在这里玩了把"群嘲"技能。所谓的悭贪,似乎是在讽刺食客,小里小

牛丼

亲子丼

胜丼

气,贪图便宜。悭贪屋用的是非常非常深的碗子,三分之二放饭后,在上面加菜,加量不加价,讽刺客人贪便宜的同时,也是在标榜自己真便宜,以此招徕顾客。而这么多悭贪的顾客,纷纷往自己店里跑,冒着骂名也不顾,看来是真有便宜可占呢,大家赶紧瞧瞧去吧。店家使了一把欲擒故纵,高调地玩弄着顾客的消费心理。

但是没想到这个"丼"就此流传下来了。贪便宜的,那都是囊中羞涩的下层百姓,深深的"丼"钵,能装下很深的欲望,这欲望,对于普通人来说,也不过就是丰衣足食,安居乐业。各种的丼,进入了百姓家,也被寄予了各种欲望。

日本的五大名丼中,"亲子丼"叫人想到亲情,"胜丼"让人渴求胜利,"天津丼"中寄托着对天灾人祸避而远之的祈祷,还有精力无限的"鳗丼"和力量无穷的"牛丼"。

由此可见,丼物也是根据碗里的菜命名的,大碗米饭上面,装的是人们对各种食物的渴望。在丼物出现前,比较类似的是室町时代的"芳饭",也是上菜下饭,可以说是丼物的原型。到了江户时代,"深川丼"广受欢迎,这种米饭上盖着贝肉的快餐,便利着人们的生活。而到了19世纪,烧烤渐渐普及起来,鳗丼中的烧烤鳗鱼,征服了常吃丼物的人们的舌头。

明治时代,又出现了牛丼。在战争年代,碎骨余料的牛肉,成了底层人民的美味佳肴。

同期还有他人丼，各种肉加蛋，高蛋白营养丰富得很，这个"他人"很有玄机，不是"他人"的肉，而是将亲子丼中的鸡肉，换成了"他肉"，如牛肉、猪肉什么的。

1891年，亲子丼出现了。所谓的亲子，看起来饱含深情的，其实就是鸡肉蛋汁盖饭。鸡肉和鸡蛋，寓意父母亲和孩子，但事实上，又没DNA鉴定，谁知道哪一碗里的鸡肉和鸡蛋是否有血缘关系。把人家鸡的一家子都做在饭里，有种满门抄斩的惨烈味道，不过吃起来，亲子丼确实香嫩滑爽，简单却不寡淡。

1913年后，又制作出了胜丼，也就是猪排饭，在此之后，各种丼也层出不穷，昭和年间，还有仿照中华料理而制作的中华丼，基本上就类似于我们的炒菜盖浇饭，最初的手法是在米饭上加八宝菜。八宝菜是我国菜系中粤菜中的什锦菜，所谓"八宝"，可不只是八种原料，猪肉鸡肉火腿肉，虾贝海参和鲍鱼，香菇木耳胡萝卜，青椒白菜加竹笋，真真复杂得很。

此外还有五目中华丼，也称为五目丼，倒是没有中华丼那么繁复，主料是剑虾和花枝，以及各种菇类。花枝在这里并不是从树上折了枝花，以充风雅。《七龙珠》里面，小悟空曾经遇到了一个巨大的海怪，小悟空对着这个怪物大叫"花枝"，而海怪则露出了腕爪，凶凶地回答悟空："笨蛋，我是章鱼！"当时年纪小又不通日语，还觉得悟空很萌，象形化地把章鱼的张牙舞爪比喻成了支棱八翘的花枝，后来才明白，日语里，"花枝"指的是乌贼，体形比章鱼小得多，还满肚子黑水贼兮兮地，难怪章鱼大叔会那么生气。虽然如此，乌贼的味道却是鲜美，结合虾与蘑菇、青豆竹笋，做出的五目丼，又鲜又清香。

虽然看起来，丼花样繁多，丰富多彩，但由最开始的悭贪屋的理念，也可以看得出来，丼是一种提倡节俭的食品。有些丼物，往往就是前一道料理所剩的食材，或者是吃剩下的肉与菜，盖在米饭上。这基本上与我国的盖浇饭同理，既节省，又快，还美味。这种吃法，在台湾，叫卤肉饭；在江浙，叫烩饭；在江汉平原，叫烫饭；在韩国，叫拌饭。

曾经被一个住在金海的朋友请吃韩式料理，我点了色彩鲜亮的石锅拌饭，他却阻止了我，说在他们家乡，拌饭是将剩饭剩菜重新热一下，上面加个鸡蛋，一大勺辣椒，这个，只好自己家里吃吃，请朋友吃饭，不吃这个，要吃肉。盛情难却，只好忍耐，还有点儿不厚道的腹诽，人家餐馆也是开门做生意的，哪里会搞剩饭给我们，但传统如此，总要尊重一下。

日本是个对吃非常讲究的民族,在古代,上流社会的饮食审美观念中,饭,一定要和菜分开放,这样才能斯文地一口一食,而丼物,叛逆地违反了这一原则,革命性地让饭与菜同住在一只碗子里,在上流社会看来,这是非常失礼的。因此,它被高档料理拒之门外。在日本,女性是不会单独去公共场合吃各种丼的。丼物,只是蓝领们在午休时,哥儿几个聚在一堆,对付对付吃一口的感觉,女人去吃,简直是有辱风雅,焚琴煮鹤。然而随着整个世界文化交流的深入,在今日的日本,西餐、中华料理、韩式料理、泰国饭,各种风味纷纷涌入,菜和饭要分开? 那只是日本传统文化的一厢情愿,在各国风味的餐馆里,不乏新女性们,兴致勃勃地品尝着菜饭同碗的各种美味。怕什么指责,吃自己的饭,让别人眼馋去吧。

2
不产于天津的天津丼

《七龙珠》是全世界 80 后男生的最美好回忆,刚刚扫了一眼 QQ,发现上面竟然有六个 80 后的 "大男孩",头像是七龙珠里面的人物,有两个是贝吉塔,还有一个竟然是天津饭。鸟山明在创作这部动漫的时候,肯定挨过饿,天津饭啊孙悟饭,包子饺子一桌子,要多没下限有多没下限,好好起个名能费多少脑细胞? 非要信手拈来,还都是吃货。不过,那个时候鸟山明曾经一度统一日本少儿的精神世界,男孩追七龙珠,女孩爱阿拉蕾,他执意要叫谁 "天津饭",漫坛豪杰,莫敢多言。

天津饭是个武痴,有着第三目的动态视力和超强的领悟力与创新能力,是能够让招式花样翻新的武学人才,正如天津丼,内容丰富中显露无穷的变化。

《射雕英雄传》中,黄蓉曾经为洪七公做过一道 "玉笛谁家听落梅",就是将做菜与梅花易数结合起来,做个炙肉也好一番折腾。肉虽只用五种,但猪羊混咬是一种滋味,獐牛同咬又是一般滋味,两种一起是一个味道,三种一起,又是一个味道,更何况有五种,味道的变换,呈几何倍数增长,排列组合下来,如八八六十四卦,卦上又生卦,变化无穷无尽,简简单单只是肉,变化的是香味,不变的是美味,吃出个道儿来,哄骗得馋嘴七公最终将绝技传给了傻小子郭靖。黄蓉在这里,恐怕也是在点七公,郭靖这个傻小子,就像这炙肉条,看似简单,但境遇却复杂,生父是爱国侠客,启蒙老师是江南七怪,跟蒙古大汗又很亲近,未来说不定是桃花岛的女婿,还跟全真派的马钰有一腿,七公你收他当徒弟,绝不会吃亏。

天津丼

天津丼的原料,正如还未被雕琢成功的郭靖,也是触类旁通背景强大的。有带翅膀会飞的鸡的蛋,有长蹄子会狂奔的猪的肉,有在水里悠游的虾兵蟹将,还有修行于深山的竹笋与香菇 —— 竟然有点儿"上穷碧落下黄泉,动手动脚配食材"的精神。再加上蚝油的鲜咸,这些味道结合在一起,那就不只是"五五梅花之数"了,而是"七七之变"。

而天津丼上桌的时候,你是看不到米和其中内容的,芙蓉蛋大被隆冬地盖在饭上,上面再淋上用蚝油和冰糖调过的芡汁,亮晶晶的一摊,你完全看不出这是什么东西,藏着什么呢这是? 于是,很想伸出筷子去发掘一下,寻宝的旅程开始了。

拉开蛋衣,呵呵,平白无奇,一碗热气腾腾的米饭而已,但是连着蛋一起下口,却发现香浓无比,你永远不知道你下一口会吃到什么,是虾仁、猪肉丝、蟹肉,抑或是香菇和竹笋? 拌着蚝油的鲜味下肚,芡汁在口里稠稠的,是一种很特别的幸福感。

这里面,唱主角的,就是这买椟还珠的芙蓉蛋。在上海,曾经吃到过一种"开洋跑蛋",当时看到菜单,好奇死了,这个蛋要怎么跑? 在碗子里滚来滚去,还是在盘子上溜溜达达? 那似乎叫"滚蛋"更贴切吧? 上桌之后,才发现上当,鸡蛋被摊开了,没手没脚,滚也滚不得,如何跑法? 后来问了一个会做菜的朋友,才揭开谜底。油锅里油要放得豪迈一点儿,这样蛋汁下去,蛋花不会粘在锅底,滑来滑去,像在跑步运动,这样才叫跑蛋。而开洋跑蛋,俗称虾仁跑蛋,如果虾仁换成青椒什么的,又可以叫青椒斩蛋,蛋在这里,又是跑又被斩,各种折腾。而芙蓉蛋,是更加折腾,不只有虾仁,还有蟹肉猪肉、竹笋香菇,折腾出好滋味来,被淋上蚝油甜汁,滑嫩鲜甜,醇香适口。

这味道,倒是非常像中华料理,曾经有人笑谈,说是有个日本人到天津玩,吃到好吃的摊鸡蛋盖饭,回去念念不忘,就照着做一做,取名天津丼。我国的传统菜里面,也确实有三鲜盖饭之类的。勾芡的技法,从南北朝就开始有了,《齐民要术》上还记载过熘肉段。不过,真要较真儿于天津丼这种民间的说法,听听也就罢了,无从查考,不必当真。

天津丼其实并不来自于天津,但却未必与天津没有渊源,古今中外,天津只有一个,至于为什么借这个名字,还要从丼的根本 —— 米来说起。

昭和年间,日本东北地区严重饥荒,日本政府从中国进口天津小站稻,来喂活遭罪的灾区人民。灾荒过后,为了纪念当时的艰苦以及救命粮天津小站稻米,当地人自制了一种特别的盖饭,称为天津丼。

说到小站稻米,大家可能并不熟悉,虽然小站稻历史悠久,传承复杂,但是局限于河北地区,并未普及太远,没有苏湖米满足天下的霸气。小站米的培育始于明,盛于清,品质优良,软而不糊,冷后不硬,清香洁白,"作粥塘沽米粒长,晶莹剔透赛琼浆",说的就是这小站米。

到了近代,因为盛产优质米,产小站米的地区被当政者看中,淮军提督周盛传率兵十八营,开始屯田此处,十里一小站,四十里一大站,小站因此而得名。

历史上的小站,和北洋是分不开的。"北洋"是统治一个时代的代名词,许多乱世枭雄,都在这个时代中上演着一幕幕的历史的悲喜剧。袁世凯、冯国璋、段祺瑞、徐世昌 …… 这些军阀们,大多是从小站走出来的,小站,可以说是北洋军阀们的摇篮。

因此这天津丼起源的小站米,军事的意味更浓烈,从屯田到农镇,到军事要地,小站米的经济作用,带有战略性质。兵有饭吃心不慌,历史上的政治重心,往往也是军事重心,而军事中心,往往是经济重心,农业为第一产业的中国古代,抓住粮食才是王道,因此,中国的黄河流域才有林立的政治中心。而在唐代,皇室甚至因为米不够吃,举家"就食洛阳"。在日本,关东平原,是日本农业的主力地区,因此,也是古往今来的兵家必争之地。

关东大地震、大萧条、金融危机、世界经济危机的打击,日本这个民族在那段日子里,陷入了黑暗中的挣扎。首相家打个酱油,都要跑到黑市去高价交易。天津小站米的引进,让他们尝到了甜头,也打开了眼界,既然四个岛只盛产硫黄和火山,为何不向大东亚扩张?激进的军国主义,越过国会的犹豫,开始了"抢劫主义",侵略如火。二战期间,小站米曾经成为日军驻华战备中的高级军粮,本是我国输出的救灾米,却引来了杀身大祸,还助纣为虐了一把。米是无辜的,战争是无情的,侵略是残忍的,后果是两败俱伤,都因为战争而大伤元气,阻碍了社会进步。

《七龙珠》故事里的天津饭,是个很重友情的人,曾为了给朋友复仇而力竭身亡。隔海相望的两个国家,在明代以前,或者说在日本战国以前,都是相对和睦的友人,为何却在此后各种刀兵相见?芙蓉蛋即使能够藏住洁白的小站米,却无法遮掩千百年来两国在文化科技上的各种渗透。吃着天津丼,思绪回到那个战争年代。曾经看过一个反战的动漫《萤火虫之墓》,看一次哭一次,因日本侵华战争而家破人亡在外流浪的孩子,生命像萤火虫般脆弱,方生方死,刹那萤火。如果一味好战侵略,恐怕会有更多的孩子,如蜉蝣般命归朝露吧。

3
V 的代表 —— 胜丼与天丼

　　曾经有一个准备考研的同学,不知道从哪里得来的秘法,买了 100 盒桃罐头,在考试前三个月开始吃,每天一罐,把盖子留着,据说这样,能够取得考试的最终胜利。他辛辛苦苦吃到考试前,结果最终却没考上,收拾东西的时候,一查盖子,发现只有 99 个。他很纳闷儿,等寝室的兄弟回来问了一下,原来有一个同学某晚打球回来,有点儿饿了,打开了一盒桃罐头吃了,事后也忘记告诉他了。考研的这个同学功亏一篑,哭笑不得。

　　在日本,即使是桃太郎要去打大妖怪,也不带桃罐头,他们考试和比赛前,要吃猪排饭。

　　据说在大正年间,大概是 1913 年,早稻田高院(早稻田大学)的一名学生,叫中西敬太郎,挣扎在备考前夕的紧张生活中,为了多挤出时间在复习功课上,他将猪排和蔬菜放到白饭上,这样的快餐节省了很多时间,却不失营养与味道。同学们惊异于他的吃法,纷纷询问这是什么。

　　"KATSUDON(猪排盖饭,与'胜利'同音)!"敬太郎洋洋自得地答道。

　　"胜利?"同学们更加惊讶。

　　"对,是胜丼(カツ丼)!"

　　敬太郎的猪排饭,变成了"胜利",这对考试来说,是个大大的吉兆。

　　此后象征着胜利的胜丼一发不可收拾,只要是有考试,学生必定要在之前吃一碗猪排盖饭,以示对考试大神的尊敬,希望它能保佑自己取得好成绩,至少,不挂科。

　　罗永浩曾讽刺临急抱佛脚的学生,说北京的学生,在考 GRE 前,很多都要到卧佛寺去烧香,因为卧佛谐音"offer",烧了香就能得到"offer"。一直都说灵,从未去尝试。吃胜丼恐怕也是这种临急抱佛脚吧。

　　虽然把考试的成败寄托在客观的外物上，多少是有些迷信，不过从胜丼的做法来看，它确实可以给因考试紧张的孩子们增加营养。猪里脊肉，有丰富的动物蛋白，可以提高精力；鸡蛋富含卵磷脂，可以增强记忆力；洋葱或青菜，可以促进胃肠消化，增加食欲。油炸后，酥酥脆脆，不仅增加能量，吃起来也开心，猪排在嘴里吱吱响的感觉，有征服的快感。

　　好吧，吃完猪排饭，头上捆个白布条，前额写着"必胜"，打开课本和习题集，一脸的气壮山河，如同田横五百士，不成功则成仁，一举拿下考试吧！

　　与猪排饭同样受欢迎的炸物盖饭，是与胜丼齐名的日本五大丼之一的天丼。

　　天丼全称是天麸罗盖饭。关于天麸罗，在前面的章节里已经说得很详细了，这个外来户，在日本生活了几百年，已经完美地融入了和风中。

天丼

　　明治时代晚期（1910 年前后），天麸罗盖浇饭追随着其他各种盖饭，出现在了街头巷尾的小食屋里，成为平民广泛食用的美味。结合天麸罗的"天"字，与盖饭的"丼"字，将天麸罗盖饭称为"天丼"。

　　饥肠辘辘的中午时分，你若走进东京一家小食店，可能会看见挂牌上有天丼的字样，通常明码标价，500 日元左右，真便宜，点上一份，开始等餐。喝着侍者送来的乌龙茶，坐在吧台后，看着料理人在锅碗瓢盆间忙碌，将处理好的鲜虾、茄子、青椒等裹上面衣，放入油锅里炸熟，香气飘出来，胃已经迫不及待了。一个深碗里，盛上香喷喷的日本米，淋上天丼酱汁，将炸得酥脆金黄的天麸罗排兵布阵一样，铺在最上。

　　店家笑眯眯地将做好的料理呈上的时候，等待的焦虑已被喜悦和食欲赶走，筷子和舌头都已经跃跃欲试了。

　　黄金山中，自有宝物。白玉般的虾肉，翡翠般的青椒，紫檀样的茄子，咬一口脆香中有鲜嫩的鲜甜，虾的鲜味、青椒的清香、茄子特有的芬芳，就上米饭与酱汁，在口中不断地爆炸着惊喜。

　　传说中爱吃天麸罗到死的德川家康，肯定没有吃过这样的美味。

　　天丼由于它的简单便捷，操作简单，只要事先备好了料，立等可取，因此深受赶时间的员工和学习紧张的学生欢迎。而且这种油炸之物，酥脆可口，香气扑鼻，非常增进食欲，在一众清清淡淡的丼物中，天丼总能脱颖而出地吸引人的眼球，忙碌而无心消遣，饥饿而急需补充能量的时候，天丼的诱惑不言而喻。而且对于爱好海鲜、河鲜，却又囊中羞涩的中下层平民来说，日式料理很多水产，如果处理不净，容易有寄生虫，而去高级料理店又实在消费不起，在小食店嘛，对这类食物的信心更是不足。天麸罗则经过高温的锤炼，其中不好的东西已经都被热油就地正法，剩下的是被烈火涤净的食物。

　　对于日本很多家庭来说，天麸罗不是会经常做的料理，一则比较费油，二则是油炸食品所含的卡路里非常高，常吃也不健康，而日本饮食本就倡导清淡自然，故此，一般只有在特殊的日子里，才能吃到天麸罗。对于很多小孩子来说，在家里，天麸罗不是随随便便就能吃到的。长大后，能够自己赚钱花了，在外吃饭时，居然就看到喜欢的天麸罗盖饭，想吃就吃的感觉,也有一种自立的自豪吧。

4

元太的鳗鱼饭

元太,如果你中了 500 万,要用来做什么呢?

让我算算啦,500 万,1000 日元一碗的话,能买 5000 碗鳗鱼饭!

错啦错啦,不是日元,是 RMB。

哇,那我可以吃一辈子鳗鱼饭啦,哈哈,哈哈哈。

《名侦探柯南》中元太钟情的鳗鱼饭(うなぎ丼),在日本是十分受人喜爱的食物,甚至有专门的"鳗鱼节"。

"土用丑日"是日本借了中国的"阴阳五行"而定立的,每个季节结束前 18 天,都是"土

鳗丼

用丑日",一年四次。江户时代,著名的剧作家平贺源内,曾经帮助一位生意惨淡的鳗鱼饭专卖店老板。他在"土用丑日"当天,在海报上写上"本日为土用丑日"。而在日语里,"丑"字的发音与"鳗"字相同,平贺源内在这里玩了一个文字游戏,"本日为土用丑日",读出来却是"本日为土用鳗鱼日"。这海报贴出来,人们纷纷跑到这家小店,来享用本日的"土用"鳗鱼,生意火了起来。其他鳗鱼屋眼红死了,也开始模仿"土用鳗鱼日"了,竟然渐渐变成传统,每逢"土用丑日",就打出招牌,用"土用鳗鱼日"的旗号开始了日本流传至今的"鳗鱼节"。可见文人动动笔,商人赚翻了,广告效应从那个时期,就已经开始成为重要的营销策略了。

而鳗鱼本身能够增加精力与体力,在夏秋之交的"土用丑日",这个一年之际最热的一天,人们被热气烘得昏昏欲睡,汗流浃背,盐分的流失也让人感觉浑身乏力。吃了味道鲜美的鳗鱼饭,不但香浓的味道适口提神,也可以补充流失的体力,据说"土用丑之日,吃了鳗鱼,夏天也不会瘦"。难怪"即使一天吃上四回,仍想再吃"。因此全日本在"土用丑日"消费的鳗鱼,占全年鳗鱼销售的40%,而这些,大致上都是以烤鳗鱼的形式进到人们的肚子里的。

烤鳗鱼是鳗鱼饭的主角,是鳗鱼类料理的最高境界。在江户时代,鳗鱼还是比较昂贵的食材。平常人,一般时候是不能享用的,吃鳗鱼饭,是非常值得认真对待的,以至于有专门的鳗鱼料理店。而时至今日,由于日本人对于鳗鱼的热衷,人工鳗鱼养殖技术逐渐提高,鳗鱼已经游上了寻常百姓家的餐桌。

而鳗鱼产量提高,也开始将鳗鱼饭分出高下品阶。街上的鳗鱼盖饭,会有标注"松、竹、梅"的字样,虽然是岁寒三友,但是鱼品不一。标有"松"的,是最贵的,鳗鱼也大。而标有"梅"的,是最便宜的,鳗鱼也是稍小的,正应了"松柏常青,梅开一度"的自然状态,暗喻所食鳗鱼的寿命长短。但是话说回来,未必最大的就是最好的。有人考察尼斯湖水怪,推测这水怪就是一条巨大的鳗鱼,有人捡到其鳞片有巴掌大,算一算比例,这鳗鱼大概有100多岁了,皮糙肉厚,刀枪不入。如果把这条"鳗鱼爷爷"做成料理烧烤,恐怕不只是味同嚼蜡,那简直是在啃汽车轮胎。

但是不管大小,烧烤鳗鱼的味道,都非常特别,酱汁香浓,外皮烧得脆脆的,里面的肉却滑嫩鲜美,配上圆润有弹性的米饭,即使是炎热的夏天,吃起来也非常美味,越吃越有食欲,作料内中暗含的山椒酸酸辣辣的味道,更是无比开胃。

说到烧烤鳗鱼,其实是一种"蒲烧"。蒲烧的代表是鳗鱼,基本就是烤鳗鱼的指代,将鱼从腹部或者背部破开,涂上作料进行烧烤,因为烤鱼的时候串起来,烤出来的外形很像香蒲的穗,因此称为蒲烧。在蒲烧里,除了主料,鱼的选材很重要,烧烤手法和作料同样也是秘技,曾经有鳗鱼屋的老板,在大地震的时候,不拿金银财宝,而是抱着作料坛子去避难,有作料在,生意就可以继续下去,就有谋生的饭碗。

从江户时代末期开始,日本的烧烤业开始发展起来,不只是烧烤鳗鱼,还有其他的,如贝类、肉类、蔬菜等。比如烧烤牛肉,还曾经被恶搞过,好好的烤肉定食,被称作"弱肉强食",让人哭笑不得。

谈到牛肉,不能不谈一下牛丼。

日本人吃牛丼,感觉像我们吃兰州牛肉面。同样是外卖的速食,同样是图便宜,同样有对肉的渴望。

牛丼的诞生,是带着淡淡的悲伤的。二战期间,亚洲各地都是同样地卷入战火,各种吃不上饭。在日本,很多人朝不保夕。又想吃饱,又想吃肉,怎么办?等在屠夫旁边,看人家剩下来碎肉,粘在骨头缝的肉渣滓,收集起来,回家加点儿洋葱豆腐,煮出香喷喷的一大锅,淋在白饭上 —— 就是最初的牛丼。这种牛丼被人在街边摆摊贩售,竟大受欢迎,以至于慢慢发展成了连锁店。而这种煮牛肉制成盖浇饭的方式则始于早期的牛肉火锅。

在江户时代早期,鉴于佛教信仰和政府不杀生的禁令,一般的日本人是不怎么吃肉的,鸡肉不吃,猪肉不吃,牛肉更加不吃,而且他们由于长期不吃肉,习惯了,也比较讨厌肉本身的腥味,再加上运输和储藏不易,料理中便基本不见肉了(除了鱼)。随着来到日本的西洋人士增多,对各种肉类的需求逐渐增加。西方的饮食观念,也随着西学东渐而进入日本人的视野。牛肉的美味与营养,渐渐吸引了日本人。欧洲人吃牛肉,健康、有力,高大而威猛,长期素食的日本人相对矮小、体弱、面有菜色,两相比较,趋利避害,牛肉逐渐被日本料理接纳。

根据《明治事物起源》的记载,有这样一个关于牛肉的故事。

看着外国人盛行吃牛肉,在横滨的一个小居酒屋的店主伊势熊坐不住了。他看到了商机,看到了广阔的市场,决心要开一家牛肉店。他的妻子听了,觉得这小子纯属胡闹必定完蛋,于是在居酒屋中做了个隔断,两人各占半边。妻子依旧守着老生意,而另半间,伊势熊开始经营牛锅店。牛锅店的生意出乎妻子意料地异常红火,客人络绎不绝。妻子终于忍耐不住,最终拆了隔断,一起经营牛肉火锅。

如果在此时牛肉火锅依旧只是人们尝鲜赶新潮,那么在1872年,明治天皇解除禁止食肉的法令,则为牛肉料理的普及斩破了荆棘。政府与部队带头,鼓励吃牛肉、喝牛奶,牛锅屋在民间也渐渐地普及起来,牛肉显然成了肉类料理中的当家花旦。1899年,成立的吉野家盖饭专卖店,就是以牛肉饭为招牌饭的快餐连锁,发展到今天,在全球已经有1700间分店,其牛肉饭的"快速、便宜、好吃"不但抓住了日本男人的胃,也赢得了全球男性的喜爱。

如果说最初的牛肉饭,是为了充饥,为了在贫苦的环境下,依旧能保持营养和增强体力,而在今天,牛肉饭已经不再需要使用碎肉与骨肉渣滓了,但它仍然是广大的中下层民众喜爱的快餐。在饥饿的时候,饭菜的香味往往更加凸显。

有段相声说到明太祖朱元璋,在落难挨饿的时候,曾经遇到一个老妪,接济他一碗用白菜帮子、菠菜叶子、豆腐渣子、剩饭粒子做成的汤泡饭,美其名曰"珍珠翡翠白玉汤",太祖吃得泪流满面:"太好吃了,太好吃了!"等他终于当上皇帝,再想回味这"珍珠翡翠白玉汤",却无论如何找不到感觉了,即使全国查户口找到了当年的老太太,却找不到当时的心境,再也吃不出当年的那个味道了。

如今上选牛肉制成的牛丼,是否能吃出当年战乱时分挨饿时的那般滋味呢?不过,这种滋味还是不要再次体验吧,毕竟,乱世之民不如狗。

5
不给猫吃的猫饭

家有三只小猫,前段时间偶尔逛论坛,发了个讨论帖:猫咪吃什么好? 无心栽柳,三天后去看那个帖子,居然被置顶,有几百条回复。点开看看,硝烟弥漫,宛如战场。各种牌子的猫粮打架,各种营养主义的观念论战,各种攻讦,各种不服,连版主都跑过来主持公道。惶惶然退出论坛,一个猫吃的饭,犯得着这么火大吗?

爱猫主义者主张,猫主食肉类,搭配少许谷物和蔬菜平衡营养,至于猫粮,那对猫来说,无异于方便面对于人类,即使吃,也只准吃天然猫粮。

然而在人都吃不饱的时代,猫还想吃肉? 自力更生去捉老鼠吧,捉不到老鼠,顶多是米饭拌些小鱼小虾,就很仁慈了。

日本的"猫饭"(猫のご飯),恰恰是鱼拌饭,但是这种鱼,比较特殊,有点儿像木工的刨花,薄薄松松的,一卷一卷,一般用鲣节(熏鱼干),刨出一大团鱼花,铺在熟米饭上,淋上酱油就成了。如果鱼花是现成的,米饭是早煮好的,猫饭一分钟内就能备好,非常便捷简单,也符合节俭清淡的饮食理念。

鲣节(カツオ節)当然是猫饭的主料,这种东西,来之不易。鲣节的最高层次是本枯节。捕来的鱼洗剥干净,去头去尾,切割定型,煮熟拔刺,烟熏烘干,冷却之后,再次烘干,烘干冷却的过程反复好多次,制成荒节,再返湿去焦油,成为裸节,然后放入阴潮的房间等它长毛,再出来日晒,反复个三五次,降低水分,提高香味,最后制成了食材精品 —— 本枯节。如同欧冶子铸龙渊宝剑,十年成一剑,千锤百炼,本枯节的全套工序下来,要经历半年多,而最初好大一条鱼,只剩下六分之一的分量。

做得这么辛苦,给猫吃了岂不是浪费?

从何时开始,人开始与猫争食了呢?

早在江户时期,鹿儿岛就开始有鲣节生产了。日本虽然鱼多,但鲣节确实也是为人制

鲣节

造的,之所以称为猫饭,是因为猫最爱吃鲣鱼,民间有将鲣鱼拌剩饭给猫吃的习惯。

鲣节固然难得,但是却易存储,保存好的话,可以放一两年。在战争年代,鲜鱼是贫穷的下层人民很难得到的,对于吃鱼成瘾的人,无疑是种折磨。于是将鲣节刨出的鱼花放入饭中,洒上酱油,便成了贫民唾手可得的美味。一小块鲣节,就可以刨出一大屉鱼花,虽空虚,却满足。

鲣节也有俗称,就是柴鱼屑。很常见的就是在街头或美食城,支个小摊卖章鱼小丸子的地方,会有柴鱼口味。几个溜溜圆的烤章鱼丸子,洒了酱料后,会在上面堆上厚厚的柴鱼屑,要敢于挖掘,才看得见正主章鱼小丸子。

曾经在杭州的某饭馆,吃过一道跳舞茄子。看菜单好奇死了,茄子跳个什么舞? 长得那么胖,肚皮舞还是胡旋舞? 很实惠的一大盘上桌,晶晶亮的焖茄子上面,真的有东西在激烈抖动着,随着热气翩翩起舞。夹起来看,薄得如纸一样,像要飞走,赶紧放在嘴里,有淡淡的鲜甜味儿,瞬间绵软在舌尖,嚼不出是个什么东西。舞蹈者的舞台是包了鳜鱼肉的茄子,肉鲜嫩,酱香浓,印象深刻。

多年后第一次吃到章鱼小丸子,这熟悉的感觉又回到口中,才明白原来当初吃的是柴鱼屑,也就是鲣节刨的鱼花。

日本人虽然用猫饭来度饥荒,但一些有钱人和上流人士,也好奇这种味道。战国时代的关东一霸 —— 北条家族,就非常喜欢猫饭,还留下一个非常有名的传说。身为关东之霸的北条氏康吃着猫饭,一斜眼瞥见他的继承人北条氏政吃饭时候的狼狈样 —— 先往猫饭里倒了点儿调味汤汁,尝了尝,发现味道不够,又倒了点儿进去。北条氏康心里咯噔一下："这孩子，连一碗饭要多少汤汁都计算不好，将来怎么去算计那些家臣？"于是深深感慨："北条家到我这一代就终结了吗？"

猫在世人眼里，是喜欢自由自在的，因此总有一种精神上缺乏归属的感觉，像在流浪，如乱世流离之民，才会像流浪的猫儿一样，吃粗陋的猫饭，而不是讲究的各种精细料理，饭菜分食。因此坚持吃猫饭的北条氏康，是否有一种体味落魄然后自我激励的意图，也未可知。

在现今的日本，猫饭也和其他传承下来的饮食品种一样，根据人们的爱好口味，以及外来食材的影响而有所发展。曾有人统计出了一百多种猫饭的口味和做法，加入味噌，或加入牛油，各具风味，有商家还将猫饭做成了速食的盒装方便猫饭。

在江户时代后期，闭关锁国、资源匮乏，底层的农民和低级武士们无可聊生，猫饭就成了主食，而当时手工廉价，鲣节非常便宜，猫饭便盛行起来。江户时代著名的鲣节，有熊野出产的"熊野节"、远江产的"清水节"和萨摩产的"屋久岛节"等等。

到了近代，日本战乱动荡，经济虽有腾飞，却也有低迷。不景气的时候，底层的百姓个个都是穷忙族，即使再努力却越过越窘迫，大势如此，人何以堪？微薄的工资，甚至失业，何以度命？一碗猫饭，管饱，美味，节省开销，是天赐穷人的礼物，帮他们度过生命中最困苦艰辛的日子。

不过，猫饭虽然借了猫的名义，却不能喂给猫吃，加了酱油盐分多了，对猫脆弱的肾脏是大打击。而且猫吃的猫粮还贵一些，在超市和宠物店，有专门的猫粮柜子，各种罐头营养品琳琅满目，价格不菲，配料也五彩缤纷，鸡鸭牛羊、鱼虾蟹贝、奶油胡萝卜，看得人瞠目结舌，"猫奴"们却趋之若鹜，更有甚者自制猫饭，按照配方下料，食材多达十几种，仿佛不提高自家猫咪的生活水准，就是虐猫。搞得很多家猫娇气无比，连老鼠都不会捉了，有的猫小姐竟然看到老鼠就跑，甚至被老鼠咬伤。这是人的悲哀，也是猫的悲哀，老鼠们倒要开个 Party 庆祝一下了。

猫胖得摇摇晃晃，人穷得叮叮当当，猫饭也是很现实的，谁吃不饱跟着谁。

家里的母亲是经历过低标准时代的，小时候家里人多，八姐九妹的，杨家将一样地度过各种天灾人祸，生猛地长大成人。她曾经说过，那时候父母养个小孩，就跟喂小猫小狗一样,什么便宜吃什么,不吃就饿着。现在的孩子,每天花样翻新地吃,还各种挑剔,舌头也刁,吃惯了外面饮食的大甜大咸,回到家里,面对妈妈做的营养丰富的饭菜,却唉声叹气左顾右盼,久久不肯下筷子。

猫也一样,不好好喂猫应该吃的东西,常吃的猫粮中若带有诱食剂,即使摆一碗香喷喷、不加酱油的猫饭在面前,它也不肯理一理 —— 最爱的鲣鱼也不行。

6
便当与定食

曾经有一个旅行者在夜晚的山中迷了路,体力不支,饥寒交迫,绝望之际忽然发现一个茅草屋,他前去敲门,开门的是个老婆婆。

老婆婆给了饥饿的旅者一盒便当,旅行者吃饱喝足后就暂住。天亮时,他醒了,却发现自己睡在地上,周围什么也没有。翻过山,走到前方的一个小村中,他将这件事讲给村民听,村民却又惊又怕:你说的那个老婆婆,在三年前就过世了。

旅者一听,忽然腹中一阵剧痛,大叫道:"不好! 我、我、我吃了过期的便当!"

便当,你是否吃过新鲜的呢?

在中国大陆,最常听见"便当"(お弁当)这个词,往往是在看台湾言情剧的时候。小女生用精致的小花布,包着四四方方的盒子,送到暗恋很久的帅哥手里,腼腆地,请对方收下自己的心意。而台湾的这个"便当"又源于日本。

在日本,便当是非常普及的,基本上除了身份比较特殊的人,大都吃过。因为它不是一种具体的饮食,而是一种饮食形式,就是我们通常所说的"盒饭"。

但事实上,中国在宋代就已经有"便当"这个词了,后又传往日本。在明代冯梦龙的《喻世明言》中,"珍珠衫"的故事里,曾有"大娘怕没有精致的梳具,老身如何敢用? 其他姐儿们的,老身也怕用得,还是自家带了便当。只是大娘分付在那一门房安歇? "这里面,

便当

"便当"是方便，没有饭食的意思，老太婆上人家去做客，没必要带个盒饭上门。

　　而到了日本，便当早年一般作"便道"、"辨道"、"辨当"，后简化为"弁当"。在《源氏物语》中，已经有了类似于便当的形式，但是并没有叫便当，而是叫"桧破子"。"破子"是种能分上下的餐具，而桧破子，是用桧木做的能分层的饭盒。日本学者酒井伸雄推测："可以肯定地认为，'弁当'这一词语的开始使用，当在织田信长（1534—1582）生活的年代前后。"而到了江户时代，《和汉三才图会》已经有对"便当"一词的专门注解："饭羹酒肴碗盘等兼备，以为郊外飨应，配当人数，能弁其事，故名弁当乎？"而当时到达日本的葡萄牙传教士所编的《日葡辞书》中也有"弁当"这么个词，"类似于文具盒的一种盒子，装有抽

便当

屉,用来放置食物以便于携带。"这个时候的弁当,已经开始中规中矩有模有样了。而到了江户后期,便当的两大主流也逐渐形成,一是自制便当,二是外卖便当。

江户时代庶民文艺发达,也带动了便当业的兴起,去"芝居小屋"(小戏园子)听个小曲,早出晚归的,要带上午饭 —— 家里做好的便当。但是总吃家里的,一样的味道,总会觉得很腻,开始还可以相熟的看客互相品尝调剂一下,时间久了,既不好意思,也不卫生啊。于是有人就看准了商机,一个叫万九的料理屋小老板,开始出售便当,其名"幕之内",就是在戏院内幕间休息的时候,大家拿起筷子,吃起买来的便当。这种诞生于戏院的"幕之内",在今天的日本,也是非常常见的。

随着时间的推进,便当也在不停地变换着面貌,由最初的上下分层,变成了如今比较常见的一层中带有若干小格子的样子。米通常独处一角,其他的格子,则蹲着鱼、鸡蛋、酱菜、佐料,或有天麸罗,根据主要的食材来为便当定名。

此外,出行的目的地不同,便当也会不同起来,赏花便当、观剧便当、游船便当、郊游便当……在每个快乐的旅途上，便当都是随行的家一般的温暖。

对于上班族来说，便当是他们补充体力再赴工作"战场"的力量源泉，24小时便利店，让每个熬夜加班的人不至于可怜得饥肠辘辘。对于小孩子来说，便当是七彩的，是妈妈在用自己喜欢吃的食物，做的一幅幅卡通图画，足以向其他小朋友们炫耀，你的是kitty猫，我的就是桃太郎。对于刚刚恋爱的小女生，带着星星心心的小盒精致便当，是送给男孩的自己的心，看着男孩举箸入口，做便当的人忐忑得很，直到看到对方很享受的样子，才松了一口气。

和便当非常相似的，是定食。这里的相似，指的是基本布局，当然，定食肯定是不能像便当一样，拎着走南闯北，随便找个大树下，幕天席地地开吃。定食顾名思义，是菜饭自有定数、定量。便当是快餐盒饭，定食就是套餐份儿饭。

通常定食一般以某一主菜为名，称为某某定食，再配上小菜、米饭、味噌汤、酱菜。定食的布局犹如行军打仗，阵脚严密。主菜是大将，置于盘中上方；小酒菜是急先锋，要放在中前；米饭和酱菜为左翼军，味噌汤为右翼军；筷子这把战刀则置于食客手边，放在中下方。吃个饭也风林火山一般，有疾有徐，有动有静，饭菜被食客征服，食客的胃被饭菜征服，互有胜负，兵家常事。

初学围棋的时候，老师曾经丢给我一本讲常见"定石"的小册子，让我背记。后来才明白，定石这个东西，就是套路，就像学拳一样，基本的套路搞清了，才不容易乱了阵脚。但是遇到高段的对手，即使是背熟了500定石，也未必能取胜，但不背的话，却怕吃亏。日本是个喜欢总结规律的民族，在每件事中，都要找个"道道儿"出来，定食和定石一样，虽然吃了不一定是最完美的口感，但是不这么吃，肯定会觉得缺点儿什么。

在镰仓时代的日本禅寺，比较注重朴素节约的饮食方式，因此"一汁一菜"是非常流行的，这也是日本早期的定食。民间的"一汁一菜"，白饭做主食，辅以土豆味噌汤，一碟烤鲑鱼，虽是简单的粗茶淡饭，却也有饮有馔，有荤有素，有水有陆，不会过饱，也不会挨饿，是非常均衡的传统饮食。此后又出现了"三汁一菜"，在江户时代，上杉鹰山和池田光政因此下了通告，倡导人们要节俭，要"一汁一菜"。但可笑的是，对于普通老百姓来说，即使是"一汁一菜"也凑不齐啊，经常"一菜"就被省略了，只有白饭加咸菜。这种禁令，看来也不是立给普通百姓看的,有着潜台词般的政治意义,在警告那些奢侈地浪费社会资源的人。

与此类似的,在沪时曾吃过"菜饭汤",是中国式的"一汁一菜",也算简易的定食。一小碗青菜炒米饭,一大碗杂骨浓汤,有时会附赠小碟咸菜,也能吃得饱吃得好,而且便宜得让人咂舌,通常开在临街的小店,即使是做重体力活的人们,也能吃得非常满足,冬天浓汤温暖,夏天菜饭爽口。相比之下,如今的"和定食"却是十分摆谱了,看来饮食也是逐渐积攒下来的传统。

7

渍物

1
当茶恋上饭 —— 茶漬け

　　漬物（つけもの），初听这个词的中国人多半是丈二和尚摸不着头脑的。漬？第一反应是某种很难洗掉的脏东西吧：酒漬、咖啡漬、水漬等等，染在衣服上一大片，非得搓上好久甚至动用化学武器才能消灭。学日语最忌讳的就是望文生义，就好像"手纸"不是擦屁屁的而是信件，"爱人"不是老婆而是情妇，"娘"不是老妈而是女儿等等。"漬ける"显然不是衣服上沾染的不易去除的东西，而是在食材上染上一些不易去除的东西，确切地说，就是拿盐、酱油之类的调味料或者酒、油乃至米糠、酒糟等东西做成"漬け床"，然后把各种食材放到其中或浸泡、或混合、或发酵的做法，根据情况的不同，这个过程可以是几分钟，也可能是几十年。

　　听完这个定义，很多人都会说：那不就是泡菜么？的确，北方人的泡菜和南方人的冬腌菜都属于这类的范畴。但要知道，日本人所说的"漬物"范围要广得多，凡是把食物通过浸泡、发酵等方式染上另一种难以去除的味道的，都可以归类到漬物这一类下。甚至还有带"漬"字但完全和泡菜之类没关系的"非漬物"，比如"茶漬け"（严格地说，茶漬け不

茶漬け

算渍物,因为渍物通常指的就是酱菜或泡菜一类的东西,为叙述方便起见,把这个叫"渍け"的非渍物放到本章中介绍)。

"茶渍け",顾名思义,就是用茶来泡东西。泡的是什么呢？答案会让很多人大跌眼镜——饭。茶渍け！好有违和感的组合啊。当我第一次跟人家说这玩意儿的时候,人家都当我开玩笑。的确,这是在中国闻所未闻的新奇吃法。

大年夜守岁的时候,到晚上9点,为保持体力,决定吃点东西。当我说出"茶泡饭"三个字的时候,老妈用看精神病人的眼神看着我。在她长达30年的煮饭生涯中,从来没有听过这样一件东西。片刻以后,她吐槽了一句："等下如果不好吃,也不许浪费,都吃完。"

然后她取了一点儿家里最好的滇红茶,泡开以后,在碗里放了一点儿已经冷掉的米饭,倒入红色的茶水,碗里腾起了热气,在朦胧的茶汤上加上了一大撮猪肉绒,端了出来。说实话,我自己也没试过茶泡饭,抱着忐忑的心情尝了一口,出人意料地好吃!滇红茶本身是以浓香著称,加入米饭以后,米饭的淀粉和茶叶的鲜甜口感完美结合,发生了化学反应,激发出一种醇厚馥郁的味道,圆润的米饭颗粒在红亮色的茶汤中载浮载沉,轻柔地托着那点缀用的猪肉绒,简直是视觉和味觉上的双重盛宴。

把这种吃法如独家配方一样告诉朋友以后,她也大胆做了一回"小白鼠",而这碗茶泡饭简直是奢靡到一定程度了:米饭里倒进了方便面里附带的脱水蔬菜包,倒入泡开的上好铁观音,然后加上几片紫菜和一点儿撕碎的红鱿鱼丝做配料点缀。铁观音的香味绝非滇红可比,有"七泡余香"之誉,往往还带有点儿淡淡的花香,配上米饭的淀粉甜,鱿鱼丝的海味浮动在空气中,这一碗茶泡饭的味道估计能胜过佛跳墙了。根据她本人的描述,茶汤带出的鱼鲜味惹得她家养的几只猫围着她转圈大叫,一碗茶泡饭能招来猫,可见其魅力有多大了。

当然,这些茶泡饭都是我们自制的山寨货。正品行货的"茶漬け"一般是使用日本的"煎茶"来制作的。煎茶就是日本的绿茶,它不同于日本茶道所用的做成粉末状的抹茶,而是和中国人常喝的茶叶一样。笔者曾买过静冈县出品的煎茶,口感和龙井有点儿相似。这种茶汤色温润如玉,略带苦味,正好中和米饭的淀粉甜,形成绝妙的配搭。不过近来也有用抹茶、昆布茶之类做"茶漬け"的,考虑到抹茶几乎没有任何苦味,而昆布茶则是海带经晒干以后制成,带有咸味,想来不如煎茶那样合适,这也许就是日本人偏好用煎茶做"茶漬け"的原因了。

单纯的茶水泡饭还不足以构成一碗完美的"茶漬け"。日本人还会在上面加上各种各样的佐料。在漫画《深夜食堂》中有三个经常光顾那小餐馆的 30 岁左右的剩女,被称为"茶泡饭三姐妹",她们一个喜欢在"茶漬け"上加上梅干,一个喜欢加鳕鱼子,一个喜欢加三文鱼刺身,每次光顾,老板就会很默契地为她们三位送上各自喜好的"茶漬け",然后她们一边八卦着男人们的那些事儿,一边很幸福地大口扒着茶泡饭。当她们的闺蜜情出现裂痕的时候，老板一语不发，让她们互相交换吃着对方喜好的东西，让她们试着站在对方的角度，品味对方的人生，一碗温暖的茶泡饭就成为三人友情的见证。

除了梅干、鳕鱼子、三文鱼刺身以外，经常出现在茶泡饭顶端的东西还有鲑鱼、海苔、鲑鱼卵、明太子、金枪鱼刺身等等。如果口味重点儿的也可以加"盐辛"，这是一种盐的腌渍物，将一些水产物抹上盐发酵后的产物，在中国比较常见的就是东南沿海一带用盐腌渍虾后晒干做成的"开洋"和香港人所说的虾酱。日本也有用盐腌制乌贼肉、肝和鱼的内脏用盐腌制后做成的"盐辛"，带浓厚的发酵香味和咸鲜味，用来佐泡饭是最好不过。

也有口味独特的人，比如日本作家森鸥外就喜欢把豆沙包掰成四块，拿其中一块放在白米饭上，倒进煎茶，做成豆沙包茶渍，根据他的女儿森茉莉的说法："味道清淡，出乎意料地好吃。"

日本人是怎么样想到能把茶和米饭结合在一起的呢？那还得从千年前的平安时代（794—1192）开始说起。

"六月中有一日，天气炎热，源氏在六条院东边的钓殿中纳凉。夕雾中将侍侧 …… 内大臣家那几位公子前来访问夕雾。源氏说：'寂寞得很，想打瞌睡，你们来得正好。'便请他们喝酒，饮冰水，吃凉水泡饭，座上非常热闹。……"这是《源氏物语》第二十六回《常夏》开头的一幕，这里，熟知平安时代宫廷掌故的作者紫式部提到了一种宫廷纳凉食物 —— 凉水泡饭。用今人的眼光看，极尽奢华能事的平安贵族在大夏天招待客人就一碗凉水泡饭，未免有点儿寒酸，殊不知在光源氏的那个时代，这是一种很潮的食品呢，只有那些站在时尚尖端的贵族大臣才这样吃。《今昔物语》里曾记载了这样一个滑稽的故事：三条中纳言非常肥胖，他因此而苦恼，问医生有什么减肥的良方。医生开了一道方子："冬天开水泡饭，夏天冷水泡饭，要这样吃才行。"于是，三条中纳言兴冲冲地立刻去实践了，他叫人"按平常那样"把冷水泡饭拿来，侍从搬来一个大台桌，上面放了两个大盘子，一个盛着十多个三寸长的干咸瓜，也没切，整个放在盘子里，另一个盛着三十几个香鱼寿司（不是现代意义上的寿司，应该是平安时代贵族吃的那种只吃鱼抛弃米饭的鲊），头尾齐活的，还放着一个大碗，侍从拿着大银匙往那大碗里装米饭，装得满满的，然后倒上冷水，中纳言大人吃了三个干咸瓜、五六个寿司，然后扒拉完一碗凉水泡饭，叫着"再盛"！。医生暴汗："这种吃法肯定无法减肥！"中纳言后来越来越胖，胖成了相扑人那样的体积。

热水泡饭就叫"汤渍け"，而冷水泡饭叫"水饭"，至少到战国时代，都不是平民老百姓吃的玩意儿，而是贵族、大名们的专利。要知道，放置了一段时间的米饭会因渐渐失去水分变干变硬，加入水不仅能调剂温度，也能为米饭补充水分。这本身就是一种享受的方式。更追求享受的人就会用各种"出汁"调味，所谓"出汁"类似我们中国人说的"高汤"，日本人会用一些海产品如海带、鱼或者菌菇去熬煮"出汁"，再浇到米饭上，这味道更赞了，室町幕府的将军足利义政就常吃这种出汁的泡饭。

既然水能往里倒，汤也能往里倒，那么何不尝试下把茶水往里倒呢？江户时代，茶道经过千利休的改革以后风靡一时，"茶渍け"就开始流行起来了。最早这样吃的据说是当时的商家的"奉公人"，江户的男孩子在13岁左右就要出去"奉公"，到商家做学徒就叫"小僧奉公"，也就踏上了商家奉公人的道路，这门行当十分忙碌和清苦，一年只有两次省亲假，其他时间都花在奔波经商上。对他们来说，时间就是金钱。所以忙起来的时候，他们索性把饭、菜和茶一股脑儿倒在一起一次性解决了。无意中，一道上好的料理就这样诞生了。很快，江户的那些好新奇物的市民群起而效仿。

当然，在江户，你想吃一碗茶泡饭，先要掂量掂量你钱包够不够厚实。江户最有名的高级餐厅"八百善"里出售的茶泡饭叫价一两二分，还不是银子，而是金子！这是什么概念？江户时代的浮世绘画家山东京伝曾记载，歌舞伎演员中村歌右卫门在文化九年（1812）花了三两金买了一条初鲣，也就是初夏刚上市的头一批鲣鱼，这批不过17条，条条精贵。一碗茶泡饭竟然顶得上半条初鲣，相当于普通老百姓一个月的收入，这饭究竟放了什么？这个疯狂的故事出自《宽天见闻记》。话说"八百善"本来是江户一处为寺院供应素斋的店，后来转行做大了生意，成为江户料理店之翘楚。这一天，有几个食客吃腻了山珍海味，就去"八百善"换换口味，点了碗清淡的茶泡饭，店家给上了泡饭和咸菜，一尝，不由赞叹果然是名店，连茶泡饭味道都不一样。但结账的时候这几位就傻眼了，店家手一摊：金子一两二分。众人不服，问其原因，店家振振有词地说道："你们吃的咸菜，是时下冬季少见的茄子和黄瓜,泡饭的茶是京都宇治的玉露茶,米是每颗都仔细筛选过的越后米,为了引出玉露茶的原味,必须要用玉川上水水源处羽村的洁净水,所以又派急使去取水,这个价格当然要一两二分了。"一群人哑口无言,只好乖乖付钱走人。

《红楼梦》里,贾宝玉就非常喜爱茶泡饭,在第四十九回中有这样一段:"众人答应了,宝玉却等不得,只拿茶泡了一碗饭,就着野鸡瓜齑忙忙的咽完了。贾母道:'我知道你们今儿又有事情,连饭也不顾吃了。'"看起来似乎与荣府富贵的氛围十分相左,但要想到,贾宝玉那用来泡饭的茶,能是一般的茶吗?而米饭也必是昂贵的碧粳米,连下饭的咸菜都是别具一格。

所以,不要小看一碗茶泡饭,真要奢华也是可以很奢华的。

现在"茶漬け"简单而又便宜,但也不是随便都能请人家吃的。在日本京都一带把"茶漬け"叫作"ぶぶ漬け",万一有客人来的话,千万别说"再请你吃碗ぶぶ漬け吧"。在京都的习俗里,这话的潜台词就是"差不多了,您该走人了"。而请矿工吃"茶漬け",也要做好对方翻脸的心理准备,对矿工来说,垒得高高的米饭就好比一座山,倒入茶水的时候米饭渐渐散开,就好像矿工入山而遇上泥石流山崩一样,那是多么不吉利的一件事情啊。

2
储存萝卜大作战 —— 沢庵漬け

记得有一年春节晚会有这样一个小品:饭店的老板端出一碗大萝卜,给它取了个菜名叫"群英荟萃",要价80元,以此来讽刺那些乱报价的餐厅。80元的萝卜即使在过了十多年物价翻倍的今天,听起来也是匪夷所思的事情。萝卜就是萝卜嘛,怎么做也卖不了那么贵。

别太肯定了!根据江户时代晚期的幕府医官喜多村直宽的随笔集《五月雨草纸》记载,在江户最高级的餐厅"八百善"里,有一道萝卜做成的料理卖到了一口就要300匹(也

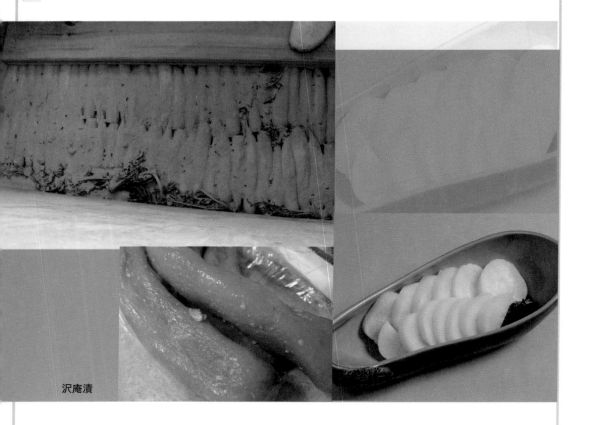

沢庵漬

就是三分金），价值远远超过人民币 80 元。这样看来小品里那老板还算厚道。这道贵得吓死人的萝卜料理叫"ハリハリ漬け"，是"八百善"挑选上好的尾张出产的萝卜做成的酱菜。一大把萝卜里只挑选极细的一两根，在清洗的时候竟然是用高价的调味品味醂直接往萝卜上冲，据说这样才可以最快让萝卜入味。这样一碗萝卜不知道要花多少味醂才洗得干净，难怪"八百善"漫天要价了。

漬物，在日本是一种非常流行的"手信"（礼物），如果到别人家里去做客，最好的礼物就是当地出产的酱菜或腌菜，就比如在日剧 *MONSTERS* 的第一集里，香取慎吾扮演的平冢警官前往一家国际大企业集团会长家调查案情，进门送上的伴手礼就是一小盒的"福神漬"，而见多了奢侈品的几位高富帅和白富美也没觉得这件礼物不得体。送酱菜，最能体现品位和风范了，只要你送的不是滥大街的榨菜之类就可以。

　　真要严格点儿说，渍物在日本还真是酱菜、泡菜之类的代名词，种类也超级多。按渍的材料分，粗数起来有"盐渍"、"酱油渍"、"味噌渍"、"糠渍"、"麹渍"、"粕渍"、"酢渍"、"油渍"、"酒渍"、"糖渍"等等，除了我们做酱菜常用的盐、酱油以外，日本人还用味噌、米糠，做清酒时压榨后残留的酒糟、糖、油、梅酒，甚至葡萄酒去腌渍各种各样风味独特的渍物，组成了一个庞大的渍物家族。传统的日本人，早餐只需要三样东西就满足了：一碗白米饭，一碗热气腾腾的味噌汤和一小碟渍物，就着渍物，喝着味噌汤，扒拉完白米饭，然后开始一天的"仕事"。对渍物有特殊情感的日本人为渍物取了一个更雅致的名字："新香"（しんこう）或"御新香"（おしんこ），因为腌制过的蔬菜和鱼都散发着一种令人陶醉的香味。

　　在所有的食材中，被用来做渍物最多的恐怕应数萝卜了。日本人对"大根"（白萝卜）腌制后的味道情有独钟，酱萝卜和腌萝卜在超市里随处可见。其中最常见、最典型、最具有代表性的渍物就是沢庵渍（沢庵渍け，たくあんづけ）。

东海寺

　　根据传说，沢庵渍来自江户时代初期的高僧沢庵宗彭所创建的东海寺。沢庵宗彭出生于战国乱世中的天正元年（1573），他的父亲是但马一地的大名山名祐丰的重臣，但在他八岁的时候，山名祐丰就被织田信长的部下羽柴秀吉（后来的丰臣秀吉）攻杀，两年后，再也无法过安定生活的沢庵决定在出石的唱念寺出家，法号春翁，这一年，他才10岁。文禄三年（1594），沢庵跟随当时他师事的薰甫宗忠前往京都大德寺，投身在临济宗高僧春屋宗园门下，也就在这时，他又结识了当时丰臣秀吉手下炙手可热的权势人物石田三成。好景不长，在关原大战中，与德川家康争夺天下的石田三成惨败，战火再一次牵连了沢庵，宗园和沢庵师徒在为石田三成收尸后，仓皇地逃出了石田三成居住的佐和山城。庆长十四年（1609），年仅37岁的沢庵成了大德寺的住持，他只当了三天住持，就飘然西去，前往自己的故乡出石。到宽永四年（1627），又一场风波殃及了沢庵宗彭。后水尾天皇赐予了包括大德寺僧人在内的一些僧侣象征荣誉的紫衣，这一事件被江户幕府获悉，幕府为了显示自己控制天下的权威，借题发挥，宣称天皇的赏赐未经幕府许可为无效。沢庵宗彭等僧侣发起了抗议活动，一介僧人卷入皇室和幕府之间的政治斗争，下场可想而知，沢庵被判决流放，又过了五年的颠沛流离的生活。直到宽永九年（1632），江户幕府第二代将军德川秀忠死去，他才遇赦。两年后，将军德川家光进京，见到沢庵宗彭，对他的佛学造诣非常钦佩，得到了这位天下第一权势者的肯定，沢庵宗彭的坎坷人生才告结束。

　　宽永十六年（1639），德川家光在江户万松山建立东海寺，聘请沢庵宗彭为第一任住持。晚年的沢庵考虑到他之前的经历，决心远离政治旋涡，他婉拒了除将军德川家光以外的所有地方诸侯们的邀请，隐居山林，正保二年（1646）于江户去世。

　　闻名遐迩的沢庵渍据说就出自东海寺，德川家光经常来访东海寺，沢庵宗彭在将军来访时献上了这种渍物，将军一尝，大为赞赏，问："这东西叫什么名字？"沢庵回答："无名之物。"德川家光想了一想，说："那从此以后，就叫沢庵渍吧！"

　　但根据茂吕美耶的说法，沢庵渍其实和沢庵和尚没有关系，只是因为读音的原因。沢庵渍原名叫作"贮渍"，读作"たくわえづけ"，渐渐地就被顺口叫作"たくあんづけ"了

（"わえ"读作 WAE，"あん"读作"ANG"，读音接近），再根据读音冠上沢庵的法号，就变成"沢庵漬"了。

这一说法不知真假，但从沢庵漬这个名字来看，显然寄托着日本百姓对沢庵和尚的感情，要不为什么会把这个人人喜欢的食物冠上沢庵的名字呢？沢庵宗彭一生命运多舛，或许多人在吃沢庵漬的时候，也会感慨人生的无常吧。

沢庵漬说穿了就是能储存好久的腌萝卜，按日本传统手法做的沢庵漬需要把萝卜放在太阳底下晒上几天，晒干水分直到变软以后放到罐子里，加上米糠和盐进行腌渍，其中，米糠起到的作用是把自身所含的淀粉和糖分渗入萝卜里，提升萝卜的甜味，同时，米糠里还含有一定的酒曲，可以防止腐败。盐起到的作用就是脱水。为了增加萝卜的风味，可以再同时加入海带、唐辛子或者柿皮。放置一到数个月以后，出来的萝卜就有一层鲜亮的黄色，沢庵漬就做好了。当然，现代工业侵袭下的沢庵漬也逐渐改变了传统风味，人们开始使用食用染色剂去做出色泽统一的沢庵漬，不过对于大多数人来说，传统手工的沢庵漬虽然外观没有工业流水线做出的那样鲜亮，却有一种无法替代的怀旧味道。

紅しょうが

　　沢庵漬要吃的时候，就拿出来洗干净附着的米糠和盐。关东的料理店，你点一份沢庵漬，他会给你一碟两片。原因很简单，在江户时代，武士统治着日本，在武士看来，从一大段萝卜上切一片下来，就好像一个人的脑袋被人割下来，不甚吉利。而切三片下来，中间要划两刀，就好像武士切腹自杀的时候，先在肚子上切一刀，然后"介错人"帮忙把头砍下来，也不吉利，只有切两片是最好的。不过武士文化没那么浓厚的关西，端出来的沢庵漬都是三片的。一碟子腌萝卜直接过饭，那是最简单的吃法，当然，沢庵漬是那种只要你发挥想象力，就能变化多端的百搭料理。

　　在今天的京都、滋贺县、福井县等地，有一种叫"沢庵煮"（たくあんの煮物）的料理，也叫"赘沢煮"、"大名煮"。这种料理就是沢庵漬切成片，加水浸泡 30 分钟，换洁净的水以文火煮熟后沥干水分，加入"出汁"、酱油、油等煮入味，撒上唐辛子和芝麻做成的一种熟菜。沢庵漬通过这样的处理，变得香甜可口，尤其是萝卜里充分浸润了"出汁"和酱油的味道，让原本单调的腌制品口感更丰富，所以成为京都附近非常受欢迎的一种名产。

　　用它做寿司也是一种不错的选择，沢庵漬非常香脆，很适合做海苔卷类的寿司，日本人直接把沢庵漬包上寿司饭和海苔做成"新香卷"，非常受欢迎。另一种比较华丽的吃法就是"远州烧"了。在德川家康发家之地静冈县的滨松市，非常流行铁板烧，当地人把蛋液和小麦粉混合放在铁板上摊成鸡蛋饼，趁鸡蛋未凝固的时候，放上切开的沢庵漬、大葱和另外一种漬物"紅しょうが"（把姜用盐腌过以后，再放到做梅干的残液里腌制成红紫色的一种漬物，口感酸中带咸）。黄色的沢庵漬、绿色的葱花、红色的腌姜相映成趣，加上猪肉、乌贼肉等佐料，趁热折拢，把这些食物全包裹在面皮里，表面涂上酱油，撒上点儿鱼干末，热腾腾、华丽丽的"远州烧"就大功告成了，一口咬下去，层次比中国南方的蚵仔煎更为丰富，咸的、鲜的、酸的、辣的一股脑儿从蛋饼里蹦出来，葱的嫩、姜和萝卜的脆、乌贼肉的韧、猪肉的肥美在一瞬间全部享受到，随着流黄的鸡蛋液慢慢温暖你的胃。无怪乎日本人都说沢庵漬能吃出幸福的感觉。

3
在京都寻找古老的漬物

　　在日本所有的城市中,我最喜欢的不是高楼林立的时尚东京,而是静谧的京都。这个城市的道路窄窄的,两边多是不超过两层的低矮平房,每隔数米就能看到一座古色古香的建筑,多是那种不起眼的小神社。京都御所、二条城、清水寺、龙安寺、金阁寺、银阁寺为这座古老的城市打上了深厚的文化烙印。

すぐき

　　在这里,连呼吸的空气都带着历史的沧桑,行人步履不徐不疾,不似东京那样每个人都在争分夺秒赶上时间的节奏。荡漾着寺院钟声的小巷里飘着一处处暖帘,一些古老的漬物就隐藏在这里。京都,从历史上就是"野菜"会集的地方,曾经生活在这里上千年的天皇和贵族们吃着各地进贡来的丰富产品,变着法儿挖空心思改善口味并储存食物,这使得京都的漬物文化无比发达,漬物,是从京都出发才在日本处处开花的。

　　京都,并不像江户、大坂那样靠近海,所以,山珍就顶替了海味成为料理的主流。而遍布京都的寺院又为"精进料

柴漬

理"的发达打下了坚实的基础。京都料理中,"野菜"成为最主要的食材。京都府在 1987年选定了 34 种明治时代以前就流行于京都的蔬菜为"京之传统野菜"加以推广,又把每个月的 15 日定为京都的"野菜日",大力宣传京都的"野菜料理"文化。

京都最著名的有三大渍物,号称"京都三渍",它们是:"千枚渍"、"柴渍"和"すぐき"。

千枚渍(千枚渍け,せんまいづけ),是用芜菁,也就是俗称的大头菜(大头芥)所做成的一种渍物。芜菁从中国传入日本的时间很早,早在飞鸟时代(约 600—710)就有推广栽培的记录。这种蔬菜非常像萝卜,也有一个很庞大的根茎。用来做千枚渍的芜菁,据说不能用普通的芜菁,而是要用正宗的"京野菜"里的圣护院芜菁。圣护院位于京都左京区圣护院中町,属佛教天台宗。最早是由园城寺的僧人增誉在 1090 年开创,到嘉祯二年(1236),后白河上皇的皇子静慧法亲王入主该寺,使得该寺院成为代代由皇族出身的法亲王入主的"宫门迹寺院",在江户时代京都火灾的时候,还一度作为皇室的临时住所。这座寺院和皇室关系密切,因此周边也繁荣起来,为供应寺院的饮食,周边的百姓广种蔬菜,诞生了圣护院萝卜、圣护院芜菁等等具有历史特色的"京野菜"。千枚渍就是用发源于此

千枚渍

的圣护院芜菁制作而成,把芜菁洗净,切成极薄的薄片,用夸张的说法,薄到一盘子可以装千枚,"千枚渍"这个名字就是由此而来。切好的芜菁码放在容器里,加上海带、盐、唐辛子和醋,经过发酵以后,海带的鲜味渗入了芜菁,就做成了千枚渍。

提到千枚渍,就不得不提到幕末时代的宫廷厨师大黑屋藤三郎,正是他把千枚渍发扬光大,成为一款具有艺术品味的传统京都料理。宫廷料理除了讲究色香味以外,还非常讲求文化内涵,大黑屋藤三郎在腌制摆盘的时候,赋予了各种食材以象征意义 —— 白色的芜菁象征着京都御所铺满庭院的白砂;加入了绿色的壬生菜,象征着庭院里挺拔的青松;而黑色的海带象征了庭院中乌黑的石头。简单的一碟千枚渍就化身为京都御所的雅致庭院。在庆应元年(1865),大黑屋藤三郎辞去了御所厨师的职务,在京都开了一家名为"大藤"的料理店,出售千枚渍,即使在幕末战乱的京都,这种风味独特的食品也很快流行起来,大黑屋藤三郎因为这碟小小的千枚渍名扬天下。

柴渍(柴漬け),正确的名字应该叫"紫叶渍"(しばづけ),只是在日语中,"柴"也读作"しば",所以就误为"柴渍"了。既云"紫叶",当然是因为它的制作材料里含有紫色的东西 —— 茄子和紫苏。把茄子和紫苏叶一起用盐腌渍,加上具有发酵作用的醋,压上重石,化学反应一段时间后,就可以变成一碟碟有着强烈酸味的柴渍。这东西,不是能吃酸的人轻易接受不了,但却是相当有人气的产品,畅销日本全国。

说起柴渍,还有一个非常凄惨的故事呢。柴渍传说是平安时代末期的悲剧女性平德子所发明。平德子是日本历史上第一个攀上权力顶峰的武士 —— 平清盛的女儿。平清盛在1156年的保元之乱和1160年的平治之乱中取得了胜利,完全控制了京都的朝廷,为了巩固平家的势力,对抗潜在的反抗力量,平清盛决定和天皇家结成姻亲关系。承安元年(1171),他把女儿平德子送进宫中,成为当时尚年幼的高仓天皇的中宫,并且生下了后来的安德天皇。不过这一段婚姻并没有让平家的荣华千秋万代。被平家打倒过的源氏武士集团很快卷土重来,1185年2月,在坛浦之战中,平家的水军遭到了惨败,盛极一时的平氏集团宣告覆灭,平清盛此时早已不在人世,无法亲眼看到平家最后的悲惨结局:他的妻子平时子抱着外孙安德天皇跳海葬身鱼腹,平德子紧随母亲也欲跳海,但却被源氏武士用挠钩钩住头发拉上了船。眼见同族人纷纷死去的平德子心灰意冷,隐居于京都附近的吉田并出家为尼,昔日的荣华都成泡影。平德子晚景凄凉,在此后,京都遭遇了一场大地震,再度无家可归的平德子被迫避居到比叡山西北麓的大原寂光院,青灯古佛,了此残生。

寂光院内,平德子只寄居在一座小小的庵房中,生活十分清苦。有一年冬天,大雪封山,寒冷异常,有同情平德子遭遇的善良百姓送来了茄子和紫苏。为了好好保存这些蔬菜,当地百姓已经学会了用盐腌渍。看到百姓们送来的紫色的渍物,平德子大为伤感,因为在当时,紫色是京都上等的贵族公卿才有资格穿着的颜色,平德子看到这种洋溢着贵族色彩的渍物,不由得想起了自己在战争中夭折的爱子安德天皇,想起了当初母仪天下的浮华日子,她把这种渍物取名为"紫叶渍"。

"すぐき",如果写成汉字,应该是"酸茎菜"(スグキナ)。酸茎菜这个名字罕有人听闻,其实它和千枚渍一样,属于芜菁一类。这种菜最早种植于京都的上贺茂神社一带,这座神社的建立时间几乎已不可考,但可以肯定的是,它对京都百姓的意义重大。在延历十三年(794),桓武天皇迁都到平安京后,为了封杀"怨灵"的诅咒,把这座神社作为镇护京都的重要宗教场所。宗教文化的辐射也带动了附近食材的流行,种植在神社附近贺茂川和高野川一带的酸茎菜也广为人所知了。酸茎菜本身是神社用来供奉上层贵族的奢侈品,制作方法一直秘而不传,到大约300年前,为了拯救饥荒,才把制法公开出来,现在只有京都附近大约100户的农家种植这种菜。

酸茎菜一般是在8月下种,11月收获。农民把这种菜收上来以后,立刻洗净并且剥皮,放置在一个大缸里,撒上盐。在制作渍物的时候采取独特的"天秤押し"的方法,这是利用杠杆原理,先在菜上压上重石,以重石为杠杆支点上压上一条长达3—4米的长棍子,杠杆的短臂一端固定住,在长臂的一端挂上一个重物,根据杠杆原理,在支点处就能受到比长臂上所挂重物重好几倍的力。这种独特的压法促使乳酸发生作用,产生了独特的酸味,すぐき至此大功告成。

这是难得的美味,中国江南有类似的腌渍物——冬腌菜,用来和冬笋同炒做成"炒双冬"最合适不过,双冬放冷了,就是很好的下饭的菜肴。而すぐき也一样,尽管它用来炒饭、做乌冬面、做荞麦面、加入味噌汤都可以,但最好的吃法还是就用酱油一调,做下饭的凉拌菜。

4
止渴的诱惑 —— 梅干し

《世说新语》里记载了这样一个故事:曹操出兵攻打张绣,时值暑日,行军到半途,士兵们又热又渴,士气低落。此时,有"奸雄"之称的曹操挥鞭一指前方,开口就说了句谎话:"前方有片梅林!"士兵们听到这句话,说也奇怪,大家嘴里突然泛出口水,干渴止住了。

这是一个人人熟知的故事。去日本旅行的时候,在名古屋的酒店里吃到了梅干(梅干し,うめぼし),"望梅止渴"的感觉在一瞬间就找到了。

郑重提醒,若觉得自己口味不够重,千万不要轻易去尝试梅干及其衍生食品,如果要尝试,第一次千万别整枚入口,而是小心为上。先动用你的门牙,轻轻咬下一片肉来,含在口中,很快,你会感觉梅子的酸味如排山倒海而来,放肆地在口中扩散,再仔细品味,伴随着酸的还有一阵阵的咸味,强烈的酸和咸共同作用激发人体的本能反应,你会有皱眉、缩腮、眨眼等表情出现,也会感觉唾液不断从口中分泌出来,然后就把面前的白米饭、水以及一切你能马上寻找到的食物往嘴里塞。

这是一种非常好的开胃的食品,吃了这个,你会很想吃别的东西。吃过一遍,看到它,你就会本能地咽口水,梅干的神奇之处,就在于它比任何梅制品都更能发挥"望梅止渴"的作用。在今天,有一种"日之丸便当",就是在便当的白饭中间放一颗梅干,红色的梅干和白色的米饭,构成了日本国旗"日之丸"的样子。看到这颗梅干,食欲顿时上来了。

梅,在历史上出镜率太高了。三国时代除了"望梅止渴"的典故外,曹操和刘备亦有青梅煮酒论英雄的佳话。宋时,隐士林逋隐居杭州西湖孤山,梅妻鹤子,写下"疏影横斜水清浅,暗香浮动月黄昏"的咏梅名句。在中国被奉为风雅之物的梅很快就漂洋过海流传到了深受中华文化熏陶的日本,东瀛的风流名士也将之列入爱物之一。要说日本第一爱梅之人,非平安时代的文学家菅原道真莫属。菅原道真生于承和十二年(845),在幼年期间就表现出非凡的文学才能,史载他11岁时,父亲曾经请岛田忠臣出题考他,他出口成诗一首:"月耀如晴雪,梅花似照星。可怜金镜转,庭上玉房馨。"雪后庭院梅花的奇景跃然纸上,令岛田拍案叫绝。成年后的菅原道真很快因其非凡的才华得到了宇多天皇的重用,一路升迁,他的锋芒毕露引起了当时在朝中势力庞大的藤原家特别是其家族领袖藤原时平的嫉妒。宽平九年(897),宇多天皇退位,让位给醍醐天皇,菅原道真在上皇的提拔下获得了和时任左大臣的藤原时平平起平坐的权力。藤原时平终于坐不住了,他开始了铲除政敌的行动,通过挑拨醍醐天皇和菅原道真的关系勾起天皇对菅原道真的猜疑。在藤原家的幕后运作下,昌泰四年(901),菅原道真被以莫须有的罪名罢官流放,于延喜三年(903)在流放地九州的大宰府郁郁而终。

梅干し

说也奇怪,在菅原道真死后,京都出现了一连串的不吉利事件。民间本来就已经流传菅原道真的许多传说,据说菅原道真独爱梅花,在他被贬后,他在京都邸手植的梅花树在一夜之间飞到了九州大宰府。那些诬害菅原道真的人一个个遭到了应有的报应：藤原时平在延喜九年（909）死去，年仅39岁，而他的几个兄弟却都得享高寿。延长八年（930）六月二十六日，醍醐天皇在皇宫的清凉殿召集公卿大臣，商量应如何应对在京都一带发生的大旱灾。朝会进行之时，天上已经是阴云密布，暴雨如注，当公卿们讨论到一半时，突然天降一道雷电，正好狠狠地劈在清凉殿西南柱，顿时引发火灾，朝堂上的大纳言兼民部卿藤原清贯的衣服被点着，当场烧死。被劈死的藤原清贯正好是当初朝廷派到大宰府去监视菅原道真的人。主持朝会的醍醐天皇目睹这一幕惨剧的发生，惊吓得病，在三个月以后驾崩。菅原道真的神奇传说自此不胫而走，在京都和他去世的九州都建有纪念他的"天满宫"，他被奉为日本的雷神和学问之神、考试之神，每逢日本的升学考试之日，京都的北野天满宫人山人海，挤满了各地赶来寻求庇佑的莘莘学子。而大宰府天满宫正殿右边的那枝传说中的"飞梅"也成为菅原道真的象征，天满宫用未熟的梅子酿成梅酒，在豆馅饼上印上梅花印做成"梅枝饼"，喝着梅酒，吃着梅枝饼，就会想起那段充满传奇色彩的历史了。

"东风若吹起，满庭香氛务携来，梅花纵无主，不可或忘春至日。"（東風ふかば　にほひおこせよ　梅の花　あるじなしとて　春な忘れそ）政治失意后怏怏离京的菅原道真写下了这首著名的和歌，他的功名已化为尘土，但他的才名却随着梅花的暗香沁人心脾。不知道是不是很多日本人在品尝着梅干的时候，也在心里遥祭这位学问之神呢？

在6月梅子熟的时候，盛产"南部梅"的和歌山县的百姓就开始摘梅子，把摘下的梅子去掉蒂，用烧酒消毒，用盐腌上，大约三日后，梅子就染上了一层红色，这个时候叫作"梅渍"（梅漬け），许多料理店所供应用来配饭的就是这个梅渍，这种食品富含水分，入口时酸水四溢，比梅干更富有侵略性。而梅干就是把梅渍再在太阳底下晒干而做成的。原汁原味的梅干，酸和咸的味道都很纯正，吃起来非常有挑战性。为满足不同口味的需求，现在日本出品了一种"调味梅干"，把梅干里的盐分再减少一些，然后放进各种其他食材再腌渍以混味，比如加入海带的就是"昆布梅"，加入紫苏的就是"紫苏梅"（しそ梅），加入蜂蜜的就是"蜂蜜梅"，等等，超市里的包装类话梅多半是此物，由于串了味，很有可能就吃不出"望梅止渴"的感觉了。

曾几何时，梅干在日本是一种战略物资。早期的日本人拿梅干作为一种药来使用。事实上，梅干不但有开胃的功效，而且能提升血糖，消除疲劳，解毒抗热，治疗便秘。在战场上，武士们用来作为预防食物中毒和传染病的战场食物，如果行军遇上水土不服，含一粒也可以缓解症状。在战国时代，许多大名都在大力鼓励梅的种植，而且还嗜梅如命。著名的战国大名上杉谦信就是以梅佐酒，根据研究表明，他最后的死因很可能是脑出血，长期食用梅干导致盐分摄入过多，加上酗酒的恶习，很可能早已经让这位战国名将血压飙高、动脉硬化了。从昭和时代的旧日本军队直到今天的自卫队中都保留着吃梅干的军队习俗，甚至"日之丸便当"一度成为日本军队中的必备料理。到江户时代，梅干就成为许多庶民普遍的食物，也一样被老百姓拿来做药。有许多头疼或癫痫病人取一小片梅干肉，用纸贴在头上，因此还出现了不少贴着梅干的"梅干婆"，这倒和中国旧时候太阳穴上贴着两片膏药的三姑六婆有异曲同工之妙了。

5
七种"野菜"调和的妙物 —— 福神渍

渍物，之所以叫"御新香"，是因为其不管是用米糠也好，盐也好，大多会经过一个发酵的过程，经过发酵，原本食物的味道产生了变化，焕发出了新的生机。比如日本很流行的"糠渍"，就是用米糠来发酵，因为糠容易腐败，还必须每天搅拌，甚至夏天暑热的时候半天搅拌一次。为了得到美味的渍物，付出的汗水也不少。那么，有没有不经过发酵的"御新香"呢？有的！这东西简直就是神的恩赐。它的名字就叫"福神渍"。

要说福神渍，就必须先从"七福神"开始说起了。在日本传统文化中，把惠比寿、大黑天、毘沙门天、弁财天、福禄寿、寿老人和布袋共同列为民间信仰的"七柱之神"，在全国各地都有祭祀他们的寺社。

惠比寿是七福神里唯一一个日本土生土长的神，《我家有个狐仙大人》里那个老是给狐仙制造麻烦的土地神就是他。他的形象经常是一手拿着一根鱼竿，一手抱着一条大鲷鱼，是日本的渔业之神，庇佑人们五谷丰登，商业繁盛，过年过节的时候尤其受老百姓的欢迎。

大黑天是一个"印度移民"，跟随佛教信仰来到日本，和日本本土神道教的神灵"大国主"逐渐融为一体。传统的形象是一个慈祥可爱的老头，坐在装满米的大米袋上，一手拿着一个福袋，一手拿着一个小锤。他被认为是农业之神，和渔业神惠比寿一样能保佑人们丰收且财源滚滚，因此经常被一起祭祀。

毘沙门天就是战国名将上杉谦信最崇敬的神，在上杉的军旗上就写着一个"毘"字。他的原型是佛教"四大天王"中的多闻天王，一手托宝塔，一手持戟。他是武士心目中的军神，也是百姓心目中的财富之神、知识之神。

弁财天，原写作"弁才天"，是印度的河神和音乐女神，随着佛教流传到日本后，和本

福神渍

土的人首蛇身的宇贺神混为一体，成为日本的水神和音乐神。由于"才"和"财"音同，所以又被列进七福神并被赋予财神的属性。

福禄寿在中国的年画上经常看到，他们是三个老人，分别代表福运、封禄和长寿。而七福神的福禄寿似乎单指寿星，和另一个"寿老人"其实是同一个神，就是那个骑着鹿有一个长长额头的慈祥老头，代表着多福多寿、健康安宁。

布袋当然就是布袋和尚，也就是中国民间俗传的弥勒，一个胖胖的、乐呵呵的、拿着一个大布袋的和尚，早在镰仓时代就传入日本，也成为日本民间信仰中的福神。

据说在正月的时候，要拿一张绘有七福神乘坐宝船的图画，上面写上这样一首"回文歌"（正读和反读都一样的歌谣）：

なかきよの とおのねふりの みなめさめ なみのりふねの おとのよきかな

福神漬

大致的意思就是：长长的夜晚伴着船儿的破浪声，好好睡去吧，直到大家都醒来的清晨。把这张图放在枕头下，就可以得到一个幸福美满充满良好憧憬的"初梦"。万一梦见不好的东西，第二天就把这张纸丢到河里随波漂走，意味着一年的不吉利都漂走了。

这是从室町时代就开始有的习俗，而江户时代，做"初梦"来占卜一年的吉凶已成为非常流行的民俗了。以至于一到正月，满大街都是叫卖七福神宝船画的人，高声喊着"卖宝！卖宝！"（お宝、お宝）声音直透小巷深处。

什么样的初梦才算吉梦呢？按日本人的说法"一富士、二鹰、三茄子"，最好的梦就是梦见富士山,其次是梦见鹰,再次是梦见茄子,这三种都是大吉大利的好梦。这一习俗的源起有多种说法。比较普遍的说法是:富士山是日本第一山,梦见富士也意味着"无事";鹰是最强壮的鸟,梦见鹰也有"高飞"之意;而茄子(なす)的日语音和"成事"(成す)相同。至于这三者之后又当是什么呢? 一说是"四扇、五烟草、六座头",扇子打开,好比开枝散叶,梦见扇子意味着多子多孙,事业繁茂;烟草点燃则有烟雾上腾,象征着运道蒸蒸日上,座头是江户时代的一种盲人职业,多为按摩师、琵琶卖艺人和针灸师,他们一般都剃去了发须,所以是"毛がない"(没毛),和"怪我ない"(无伤无害)读音相同(けがない),表示平安的意思。另外,还有"四葬礼、五雪隐(即厕所)"、"四葬礼、五火事(火灾)"的说法,梦见葬礼、厕所、火灾也是好事,这似乎是本着"梦都是反的"这一原则才有的风俗。

七福神在日本民间是非常有人气的神灵,以至于"七"成为一个吉祥数字。很多料理就取七福神的名头,采用七种食材,甚至以"七"来冠名。如在日本的料理店,会供应一种瓶装的粉末状调味料,叫"七味唐辛子",就是用唐辛子加上七种其他的调料做成的。不同的地域、商家配方都完全一样,一般有陈皮、紫苏、海苔、姜等,这种从"汉方药"中开发出的调味品从江户时代诞生到今,已经发展成具有日本特色的名产。关西一带还流传一种叫"惠方卷"的寿司,每年的 5 月、8 月和 11 月分别都会流行于市面上。这种寿司一般把七种材料用海苔和寿司饭卷起来,象征"七福神"庇佑,所以又有"招福卷"、"幸运卷"、"开运卷"的别名。

至于福神渍,恐怕是以七福神为名的最有名的料理了。这并非是一种很古老的渍物,它的创始人野田清右卫门生活在近代的明治时代初期,他的家族在东京上野开了一家叫"酒悦"的渍物店,传到他这一代已经是第 15 代了。这位店主没有站在祖宗留下的家产上吃老本,明治十九年(1886),这家店推出了一种新渍物:把萝卜、茄子、刀豆、紫苏、莲藕、黄瓜、香菇这七种蔬菜放到一起,然后倒上酱油、糖和味醂做成的调味料,撒上一点儿白芝麻,做成了一碟"大杂烩"型的渍物。这家店靠近上野的不忍池,而不忍池中央有一座"弁天岛",祭祀着七福神中的"弁财天",所以当时的讽刺小说作家梅亭金鹅就把这种渍物取名叫"福神渍"了。

另一说认为此物与江户时代中期的高僧了翁道觉有关。了翁和尚幼年贫穷，12 岁入寺院，成年以后为苦修佛法，下定决心"碎指断根"，据说他在梦里梦见了来自中国明朝的高僧赐予灵药配方，他把这服药改进后取名"锦袋円"，在上野不忍池出售，广惠百姓。后来他用卖药的钱，在上野建起了经堂。以此为基础，宽文十二年（1672），上野宽永寺建立起了一座"劝学寮"，这是日本第一座公共图书馆。劝学寮除了收藏书籍，还收容贫穷者，开展教育事业，只要家境贫寒者，学费和食宿全免。为了给劝学寮的学生们改善伙食，了翁和尚把七种蔬菜结合在一起，制成了美味的"福神渍"。

但福神渍一直只在上野一带流传，籍籍无名，一直到中日甲午战争爆发后，日军拿这种渍物作为军队食品。许多的士兵在战场上吃到这种食物，大为赞赏，他们都没有想到原来普通的蔬菜堆在一起也能结合出这样好的味道。福神渍一举成名。

到大正时代（1912—1926），在日本航往欧洲的邮轮上，头等舱在提供咖喱饭的同时也提供一小碟福神渍配饭，红红的咖喱配上红红的福神渍，让旅途变得喜气洋洋。以福神渍为代表的日本渍物因此冲出亚洲，走向世界了。

这大概是日本"红得最快"的渍物了，在日本，只要有咖喱饭的地方，你都会看到它如影随形的身影。

8

季节风零食
——和果子

1

茶与和果子

天正十八年（1509），丰臣秀吉东征西讨，兵锋所指，所向披靡。此时，东北地方霸主伊达政宗决定臣服于他。伊达政宗，其人右眼失明，却能歌善舞，懂茶道会享受，在当时的日本也算是一个有名的"潮人"，他明白无法与秀吉抗衡，决定参加秀吉征讨小田原之战。然而天不遂人意，奥州爆发的一揆骚乱，使伊达政宗遭到了秀吉的怀疑。为了洗清嫌疑，他来到京都，一切小心翼翼，连给浅野长政写信的时候，都点头哈腰、毕恭毕敬："所托的煎饼已经寄达您身边了吗？不知是否合您口味？想到这里我就非常在意。"像个新婚小媳妇，在面对挑剔的婆婆与小姑，内心忐忑，待晓堂前拜舅姑，一派讨好。一向彪悍的伊达政宗，在王道天威之下，也不得不匍匐顺从。

这种被伊达政宗利用来拉拢感情的"煎饼"，其实就是"仙贝"的原型，它是和果子（和菓子，わがし）的一种。在战时，武士们流行喝茶以鼓舞军威气势，煎饼这种和果子，虽然外表粗朴，却也必不可少。不过，时至今日，和果子已非当年吴下阿蒙，伊达政宗如果得到今天的和果子，说不定在信中的言语，会更有自信。

食不厌精用来评价日本饮食一点儿也不过分，一口就能吞下的点心，诸般讲究，宛如一套繁复的周礼，不仅有春夏秋冬，也有味触声色，所有的心境与技术，恨不得都捏到这小小的一团一块中，让它变好看，变好吃，这不仅是对文化的沿袭，也是一种对生活的爱。春花秋月，冬雪夏实，皆入盘中，两尺桌前，方寸之食，足以让你"心灵散步，眼睛旅行"。

日本被称为"和之国"，"和"、"和风"通常指代日本和日本味道。和果子，就是日本果子，"果子"这里特指点心，不是孙猴子化不到斋饭，从树上摘来孝敬和尚的生涩"果子"。

和果子

如《红楼梦》里，刘姥姥带着板儿进大观园，吃到好多漂亮姐姐给的"果子"。这些"果子"到了日本，就是和果子，除了各种各样的精致小点心外，还有年糕、小馒头、米粉团子、大福、最中、羊羹、鲷鱼烧、落雁、糖、金平糖、小煎饼等等，在日本，都通称为"和果子"。

和果子，在最初就是茶果子。鲁思·本尼迪克特将日本文化概括为菊与刀。如果苦涩的茶比作"刀"，那么甜美的和果子就是"菊"，苦甜交错之际，便有了哲思与禅意。没有茶，就没有和果子，好似没有咖啡，就不需要咖啡伴侣。有了茶，没有和果子，如同失去爱恋的人，心无所依，千山暮雪，只影向谁去？菊与刀，是将日本性格中的好斗与尚礼做了一个很好的概括，在日本，无不可斗，琴棋书画诗酒花，这些在中华风雅的玩物，在日本都可以用来"斗"。茶作为不分贵贱的每日必备品，更是充满斗气，而和果子，则彬彬有礼地一旁观战。

茶与和果子的搭配，又有点儿类似中国传统的药铺里，卖出很苦的一包药，一般会搭给买药人一小包蜜饯，桃脯杏肉，让吃苦的病人，在口中辛苦后，尝一点儿甜，也算在疾病和苦药双重折磨下的一点慰藉。如此人性化的销售，对病人的心情足称体贴，不像各色西药胶囊,无臭无味,吃下去胃和味觉都不认得它。

而和果子,本身也是和中华文化有极大渊源的。奈良时代,日本遣唐使让茶与茶艺漂洋过海,随他们回故乡的同时,也忍不住将配茶小点心带了过去;又有说法,是中国的一个叫林净因的人,将唐果子带到了日本,因此日本人都奉此人为和果子祖师爷。尽管它是被带过去的,唐果子一旦结合了日本的本土特色,就成为日本茶道中不可或缺的祭礼。在16世纪,西洋的传教士绕了半个地球,给日本带来了上帝,也带来了蛋糕和金平糖。源自唐果子的和果子,吸收了葡萄牙等南蛮果子的风味,到了江户时代,开始盛行。

然而那时候,和果子这个漂亮的小妞,还仅是供贵族赏玩的阳春白雪,被他们追捧,用来相互攀比。有需要就有市场,有市场就有战争,京都的"京果子"和江户的"上果子",中

规中矩的宫廷风,与遗世独立的内涵派,开始了擂台赛,在技术上大打出手,和果子却由于它们的相互干仗而得益,工艺越发精湛。

到了明治时期,贵族与武士从优雅中堕落,平民逐渐上升,和果子也如旧时王谢堂前燕,来到民间,它不再仅仅是供品和玩物,而是普通百姓也能入口的甜蜜。娇俏的模样,出现在每个平凡的小巷中,喝茶吃果子,是一种很有小资情调的享受,让人们暂时忘记那些战乱纷飞与人心不古。

三百多年的成长,和果子这小小萌物,即使只是简单的米粉外皮,红豆沙馅,却如万花筒一样,在文化多棱镜的照射下,精彩纷呈起来。

淡绿清香的抹茶,佐以或浅粉或嫩黄或藕荷或月白的和果子,都是自然之色。虽说美食不如美器,但盛装和果子的器皿,往往朴实得很,清静淡雅的颜色,间或一枝一叶一花瓣。甚至有的,直接放在擦净的青叶或竹帘上。小小碟中,便开始了四季变换之旅。

夏天吃透明冰霜的锦玉羹;秋天就食用有丰收之感、富贵饱满的牡丹饼;漫漫寒冬,天地心神都空落落的时候,看到胖胖的大福,沉甸甸的感觉,让人踏实下来;到了春天,花一般的樱花饼各种粉嫩嫩地绽放了——四季交替,十二月一轮回。

一月松竹梅鹤龟,二月早蕨与冰雪。

三月桃蝶和春雨,四月春霞花吹雪。

五月菖蒲伴青柳,六月牡丹紫阳花。

七月露草又百合,八月朝颜摇风铃。

九月吉梗月初雁,十月菊与栗和稻。

十一初霜拂银杏,腊月初冰山茶花。

点心师父不是在做食物,而是在用食材吟诗作画,把心中美好的意境传达给食客。

所以先别忙着入口,光听这名字,人就已经醉了,伴以和歌,声色俱美。梦枕貘在《阴阳师》中说,"名"即是"咒"。中国民间也有一门学问,叫作"姓名学",人的名字中特殊的文字,和他未来的命运联系起来。和果子的名字,像美丽的咒语,既束缚着它的本体,也赋予本体一种魔力、一种禅机。

　　每一个和果子都有自己的"铭"，很多来源于和歌俳句。如"朝颜"，有"人生无常，宛如朝颜之露"，又有"日出日落，朝颜花时只一日。日落日出，附近花开一片，但已非昨日之花，然，艳丽不改"这样凄美的句子，由花鸟风月，来记取世事无常，警醒世人珍惜此生，应如朝颜之花，及时地艳丽开放。

　　走入和果子铺，就能看到它们以短暂生命的姿态，艳丽开放。无论是生果子还是干果子，饼子还是团子，水羊羹还是金平糖，都像艺术品一样，静静地在美丽的包装中，等待着那个特定的人，带它走。价格不菲的，无法成为舌尖上的盛宴，那么看一眼，也是极大的享受。

　　传统的节日也会吃相应的和果子，如同中国人年三十吃饺子，正月十五煮元宵，五月初五有粽子，八月十五尝月饼。日本新年的镜饼，既是祭祀供品，也是装饰，花枝招展得像西方的圣诞树一样，砸碎了又可以吃。

在日本古代，七夕这一天，年轻男女吃"索饼"（类似于我们的麻花），而我国的姑娘小伙，此时吃着馄饨饺子。在女孩节，日本的小姑娘要吃金平糖，在一年的最中间那一天，夏越之袚，又会吃名为"水无月"的和果子（《火影忍者》里面的水无月家族，对水的各种操纵登峰造极，名为"水无月"的和果子，也有操纵水的能力哦，外观上水

索饼

光流动，水中无月，则至纯至净）。七五三节会吃千岁饴，希望小孩子吃了甜甜的糖果，笑哈哈地长命百岁，甚至千岁。

新鲜的生果子，一般只能存放 2—3 天，还没有一朵花盛放的时间长，却能传遍世界各地。我们的 80 后在小时候爱吃的栗羊羹，就是一种日本的和果子，辗转传到了中国。所以文化这东西，其实是潜移默化的，你虽不察觉，甚至不知道，它却无时无刻不在你的身边，就算有什么深仇大恨，却无法排斥这种如丝般的交融。

如此看来，和果子，曾经是日本从我国传过去的舶来品，此后，我们又舶来了很多和风的美食，舶来舶去，文化这条河，竟然怎样也斩不断，理起来，倒确实挺乱。不管它到底属于哪一家，总之先吃一口再说，让茶的苦与果子的甜，把我们的思念带回奈良时代，带到盛唐长安，听一曲琵琶行，舞动将军令。

2
是星星，不是金平糖

金平糖，小小一颗，如同星星，并如夜空繁星，有着各种颜色。轻轻咬碎，像在吃星星的碎片，入口是清淡的甜味，偶尔带着隐隐的香味。这小星星的碎片，流传了几百年，在白糖匮乏的年代，一包花花绿绿的金平糖，足以让一个哭闹不休的小孩子破涕为笑。《宁宁

金平糖

女太阁记》里，丰臣秀吉的妻子宁宁，就常用金平糖来哄小早川。

在我国，从没有人会把糖块叫点心，虽然"糖果"俩字儿经常放在一起说。但是在日本，金平糖这货，徒有着很萌的糖豆外表，却坦坦荡荡地被归类为"和果子"，就是这么不讲道理，秉着"我喜欢这么叫你能把我怎么样"的没下限的风格，道可道非常道了一把。

金平糖并不是日本的土著，15 世纪室町时代末期，它坐着海船，从地球另一半漂流过来，被装入小瓶子里，作为国际交流的使者。那时候，最原始的金平糖还是不透明的，洁白而小巧，外貌上非常像我国的"花生占"。

金平糖的名字是葡语中"confeito"的音译，在拉丁语系中，与英文中的"confetti"是同源的。"confetti"英文翻译过来，是"在婚礼时撒在新娘新郎身上的五彩纸屑"，用来命名色彩缤纷的金平糖，也蛮贴切。而日本有的地区，也恰有在结婚时准备金平糖的风俗。在那里，男生如果请女孩子吃金平糖，就是告诉她，我喜欢你。这样表达爱意的方式，不知是否也借鉴了当初的"南蛮文化"，就像玫瑰与巧克力。

在日剧《信长的主厨》中，葡萄牙传教士弗洛伊斯给织田信长带来的金平糖，被厨师健巧妙利用，变了一把魔术。

他把金平糖在水里煮化，成为蜜汁，然后用类似茶筅的大竹刷将蜜汁刷起，在空中涤荡，糖丝像金色的雨一样细密地飘落，瞬间，小小的金平糖变成一簇闪着七彩光芒、晶莹透亮的糖丝山，饰以金箔，有着惊世骇俗的美丽。信长小心翼翼地捻了一些细丝，放进嘴里，在舌尖瞬间融化，只留下浓浓的甜蜜。健的智慧让金平糖开出了友谊之花，信长决定接纳弗洛伊斯,西方的宗教文化,开始传入日本。

历史上,信长对金平糖的喜爱,直接带动了金平糖在日本的生产,虽然最初很为稀罕,还曾被大名作为贡物献给天皇。弗洛伊斯不远万里带来几颗糖豆,这家伙也太小气了吧,但是不能不说,信长对这几颗糖的接纳,远远超越了千里鹅毛的意味,它是一种文化上深度的交流。

金平糖,是与弗洛伊斯带来的另一种东西捆绑在一起的 —— 天主教。在那个战火纷飞的年代,天主教的救赎,对人们的意义,恰似金平糖,虽然不能为精神饥饿的人们带来长久的饱腹感,却提供了一种精神营养与甜蜜的安慰,以致短时间形成的天主教的热潮,让一向胆大跳脱如猴子的丰臣秀吉,也恐慌了一把。虽然当年信长的初衷,只是扶植这个舶来品,来对抗本愿寺的"一向宗"佛教势力,但天主教竟然与金平糖一起,在日本落地生花,一直传承至今日,天主教依旧深深地影响着日本社会以及日本人的精神世界。

金平糖丝的制作工艺流程,有点儿像我们小时候在街头吃的棉花糖。棉花糖也是将

绿寿庵清水

绿寿庵清水 金平糖

砂糖放入转动的锅中,锅飞速转动时,砂糖融化,抽丝,再用小木棒将砂糖丝缠起,变成了蓬蓬松松的一大团,像洁白的棉花,像雪白的云朵,入口即化,这在原理上,和金平糖丝是一样的。

金平糖制作,也是离不开回转锅的,但金平糖却成了晶莹剔透的小糖豆,棉花糖依旧是松松散散的一大团,可见这里面有"小同",也有"大异"。

正统的金平糖,要用怡罗粉和糖水。怡罗粉是将糯米炒熟碾碎而成,从这个角度上来说,金平糖也算与很多糯米制成的和果子有着"转折亲",毕竟血型一致。将怡罗粉放在回转锅内,加入糖水,蒸发水分,糖分附着在芯料外,便有了很多小疙瘩,形似小角,而透明光滑,又如珊瑚般润泽。为了制作出缤纷的颜色,又有其他的一些原料上的变更。更简约的做法,是直接用冰糖融化于水,加小麦粉制成。

一颗金平糖，制成需要 14—20 天，在制作过程中，金平糖在慢慢地成长，由黄豆大小的金平糖娃娃，长到比花生还大一圈的金平糖花，才算成年。

当然，也有些特殊的金平糖，比如在京都老铺绿寿庵清水，有一种金平糖，外面就是白色的糖霜，而内里暗藏玄机，含有烤栗子馅，又香又甜，并且入口后不会散开。在我国，与这个有得一拼的，是"糖莲子"和"花生占"。糖莲子，是将莲子涩涩的外皮和奇苦的芯处理掉，裹上糖霜，外表也有碎小的疙瘩，形似金平糖，入口清甜，还带着一种莲子的芳香，是苦中的一点点甜。花生占和烤栗金平糖更相似，用花生做内核，在旋锅中，将糖水淋在花生上，形成和金平糖外表极其相似的小疙瘩，再经过翻炒，一颗颗小巧玲珑、纯白可爱的花生占就成型了。

花生占是川式糕点中的下里巴人，被国人嚼了好几十年。但是由于它过分地甜，在"三高"（高血压、高血脂、高血糖）时代，逐渐被人们遗弃，打入冷宫。很稀奇的是，即使抛弃了超甜的花生占，街上却依旧有很多的小胖墩儿，薯片奶糖爆米花，多种多样的高卡路里的零食，让孩子们的未来更迅速地奔向"三高"，这是不是一种丢了西瓜捡芝麻的选择呢？

作为白绿黄粉紫蓝橙的一枚枚冰晶，金平糖虽然很漂亮，却是易化的，放在掌中，最终会消融，正像初恋的感觉，无法牢牢握住，这种甜蜜，是转瞬即逝的。它的味道很正，没有特殊的添加剂，只是很纯的甜，摒弃胡思乱想的感觉，只留着这一点儿甜回味到心里，不要忘记童年单纯快乐的感觉。金平糖，在这时又是治愈系的宝宝，抚平因生活坎坷带来的心伤。

在动画《小鸠》中，濒死天使小鸠每次帮助别人，治愈一颗心，她的许愿瓶里，就会多一颗发光的金平糖。金平糖装满了许愿瓶，小鸠就可以重获新生，在这个故事中，金平糖还有着逆转命运的力量呢。《战国BASARA》中，信长的小将森兰丸，明慧果敢、忠诚勇武，每杀一千敌兵，信长就会给他奖励，一把甜甜的金平糖，就能让这个战场上浴血而面不改色的美少年喜悦非常。森兰丸的命运，也如金平糖一样，年少，美貌，容易消逝，在本能寺的战火中，以美丽的姿态，守护忠诚的信念，结束了年轻的生命。

如今的日本，金平糖已经像我们曾经的花生占与糖莲子一样，不常见了。京都的绿寿庵清水是日本唯一的金平糖专卖店，这家老字号创立于 1847 年，目前已经到了第五代，其传人清水泰博师傅已经做了20多年的金平糖。据说店内的热门商品订单曾排过一年,这让人不由联想到中国明代,苏州万福记的饼券,因为饼好吃,所以提前收钱订货,然而这饼券却被人炒作起来,差点儿引起了苏州府的金融大地震。

不过在当代,虽然有固定的店铺仍在出售,很多买者只是为了纪念,或因为风俗的味道去购买,而金平糖却不太被孩子们重视了。现在的孩子们,零食多到眼花缭乱,金平糖的美丽,虽然能一时间迷住好奇的小朋友,却在口感和味道上,稍显清淡简单,在零食的擂台赛上,逐渐低调起来。

大阪附近建了一个金平糖迷你博物馆,这仍传世的"文物",已经被保护起来,以免它无声无息地消失,变成人们再也看不到的颜色、再也吃不到的味道。

3
团子一家子

国内某所著名学府,在新年音乐会上,有一个民乐团合奏《团子三兄弟》,琵琶扬琴笛子二胡,古筝芦笙架子鼓,大中小提琴,中西合璧,欢乐无比,演奏者露着好玩的笑容,像与指挥在做游戏。乐团指挥长着一张团子脸,眉开眼笑挤眉弄眼,对着乐队各种调戏,大家被挑逗得心情愉悦分外开心,曲调也轻松而有乐趣起来。《交响情人梦》中变态钢琴天才野田妹说:"音乐是快乐的。"对,吃团子的心情,也是快乐的,自由而开心。

绳文时代的日本人,就已经开始吃团子了。石器时代的人们,还没有多余的米拿来做零食点心,于是将栎木、柞木这些树的果子捣碎,萃取后,用这些果子的粉,做成团子,美味而易得,竟然成了风俗,这团子一吃就是几千年。

到了室町时代,团子用竹签串起来。说起所串的团子的数目,与金融变革还有点儿渊源。在1700年的江户时代,一个团子是一钱,一串是五个,正好对应五钱的货币,而到1760年,四钱的货币开始流通,团子也与时俱进地一串四个起来。

到了现代,一串团子,上面基本三个、四个都有,有的时候还是两串成对、三串套餐地自由搭配,显然已经不再受货币面值拘束。不过基本上,团子四个一串还是常见的,这里面也有说法呢。据说后醍醐天皇在洗手池玩水,水中浮起了泡泡,一共四个,非常可爱,于是以这四个泡泡的样子,做成了团子。

春天樱花开了,在樱花树下,看着片片的樱花飘落,如人生聚散无常,美丽而忧伤,这氛围呢,开个茶会吧,不只是人开会,各种茶也开大会,各种和果子也跟着开小会,其中最名正言顺的主持人,当属花见团子(花見団子)。三色一串,就是今天会议的主题。粉色代表樱花,春天已来到;白色代表雪,要对冬天惜别;绿色代表艾蒿,准备迎接夏天。吃起来软糯滑爽的,有点儿像我们的驴打滚,小孩子最喜欢。

经常看动画里,无论是人是妖,只要尚存童心,都会被这小小的三色花见团子征服。《夏目友人帐》里,猫咪先生看到花见团子,就像哆啦A梦看见了铜锣

花见团子

烧,眯起眼睛扑上去,身为大妖怪的尊严撇到一边去,"尊严"是什么喵?可以吃吗?《新撰组异闻录》里,甜食教主冲田总司,虽然是特工组织新撰组的剑道天才,口袋里却长年揣着各色糖果,手中时常拿的,不是杀人的剑,而是一串花见丸子,心中常有的,不是壬生狼的狠厉与杀性,而是带着点点促狭的温暖。

有三色团子,自然少不了团子三兄弟(丸子三兄弟)。不过很多人觉得,花见团子也是三兄弟,红色的是绿豆馅,白色的是红豆馅,绿色的是抹茶馅,象征樱花,人与绿野,天地人

三才,配上一杯抹茶,如此满足。

还有一种更正统的团子三兄弟,则是每串四个,三串一碟,并排乖乖躺在你面前,每串各一种风味。一串白色糯米,上面覆盖着厚厚甜甜的红豆沙;一串烧烤丸子,上面淋着散发着光泽的甜酱;还有一团,是深绿色,带着青草的芳香。像兄弟一样并头挤在一起,各有性格,静静等着你拿起他们,夸奖他们。"顽皮的烤团子,温柔的豆沙团子"让你能边赏明月,边做美梦,把"一切开心的、伤心的事情,全部包起来"。

这个绿色的草团子,口味上,会很像在江南清明时节常吃的清明团子,也叫青团子。清明是世界非物质文化遗产,而打青团,也是其中很重要的一项活动,把草头汁揉进糯米粉,包裹红豆沙,碧绿而油亮,黏而不粘,甜而不腻,青青草香入口,伴着清明若有若无的小雨,连空气中都带着春草的气息了。据说这青团子的创始人,是一个农民,他曾经用青团子救了太平军将领李秀成,李秀成逃脱后,让自己统率的士兵都学会制作青团子,在被追击时,敌人如查禁食物,可以将青青的团子藏在青草中,暗度陈仓。

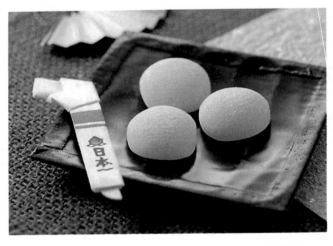

吉备团子

日本的八月十五,称为月见节,也叫"十五夜",就是观赏明月的节日,春花秋月,吃着应节气的团子,赏花赏月赏秋香。这个风俗,是在一千多年前的平安时代,从中国流传过去的。在中国,是嫦娥偷了后羿的仙药,抛开情郎,独自飞上月宫成为仙人,成就了一个劳燕分飞的传说。而在日本,这个节日也与美女有关。《竹取物语》中,那个美貌而沉静的竹取公主辉夜姬,宛如黑暗月空中的明月,皎洁灿烂,然而她却不得不告别人

羽二重团子

世间的感情，穿上羽衣，飞升月空。徒留痴情的皇帝，悲伤不已，在离天最近的山上，焚烧了辉夜姬留下的不死之药，山成了"不死山"（富士山），终年冉冉上升的云烟，给月宫的女子带去人间的思念。

金秋时分，万物收获，自然的馈赠，让人心存感激，所以，要举行各种庆祝活动，于是有了"观月宴"，月见团子（月見団子）是主角，要用月见团子和苇草、日本酒祭祀上天。这小小的江米团子，圆圆糯糯，天上的明月又圆又亮，家人团圆一席，无比圆满。月见团子平时是见不到的，但是在中秋的时候，却随处可见。月见团子有时会做成小兔子的形状，点上两颗红色的眼睛，卖萌的月兔，让人想起抱着它的那个美丽孤单的月宫仙子，而吃着团子的自家亲人聚在一起，夫妻和乐，子女可爱，一种幸福感油然而生。

除了这些应节气的团子，这个大家族，还有一些名人。

著名的吉备团子（吉備団子），正是桃太郎的秘密武器，用这个小小的糯米饭团，桃太郎组建了一个海陆空三军的雇佣兵团，带着狗、猴、鸡，打败了强大的妖怪魔王。吉备团子在这里，就像大力水手的菠菜，吃下去力大无穷，神勇无敌，打得妖怪满地找牙。经此一役，桃太郎也名利双收，带回一车金银珠宝，获得了英雄称号，还娶到了县太爷家的千金小姐。

吉备团子因此被传诵,是杀妖越货、居家旅行之必备。虽然饭团也是日本食品中的一大家族,但是既然吉备团子称了"团子",就不能不提及一下,虽然人家本质上是干粮,而非点心和果子。

文学大师夏目漱石和司马辽太郎,都是羽二重团子的粉丝。这种团子,诞生在东京日暮里站的一间小小的和果子店里,到今天已经有近一百年了。羽二重,是日本丝织品中的精品,从明治到昭和出口海外的贵族奢华物。而羽二重团子,除了比较特别的略呈扁圆形的外形,口感也让人难忘,如丝线交织的羽二重一样,入口轻柔、细腻而顺滑,店中代表性的团子,一种是涂上酱油后的烤团子,另一种是红小豆沙制成的馅团子,一咸一甜,各得其所。

在中国,汤圆可以算是团子近亲了,只不过它和桃太郎的吉备军团一样,是陆海空三栖的,既可以下锅煮,也可以上锅蒸,还可以入滚烫的油锅炸一道。有的学校食堂,更加节俭地把过节时剩下的汤圆处理一下,直接炒菜,味道嘛,人家大师傅只对你的胃负责,不对你的胃口负责。

还有一种叫作糖不甩的甜食,是广东东莞的特产,糖水煮的团子,捞出来撒上花生碎屑,香香甜甜,暖暖糯糯。传说是道光年间,八仙之一的吕洞宾为了帮助人们戒除鸦片烟毒,私入凡间,将仙丹放在糯米小丸子里,用糖水煮熟,刹住了烟毒,拯救了百姓。而这种糖不甩,在当地与姻缘也有牵连,准女婿上门,如果吃到了糖不甩,那么意味着女方家里很满意他,可以顺顺利利地娶走心爱的姑娘了。

4
这个,能叫饼吗?

和风的好多饼都不像饼,明明包装上好大一个"饼"字,拆开一层又一层,最里面,却是一个圆圆胖胖的漂亮小东西,在跟你卖萌,好吧,看在你的美色分儿上,不计较你欺骗

荻饼

我。

他们卖的，是饼的概念，比如荻饼，取"枫叶荻花秋瑟瑟"之意，是季节性的美，春天的时候，因为说像春天里盛开的牡丹花（牡丹嘛，这个笔者觉得更加不像），又叫它牡丹饼，其实它就是糯米包红豆，捏成一个小团，那分明是个团子，哪里有饼的模样？饼在国人的眼里，不管是方的圆的，最最起码它应该是扁的。

不过从意境上来说，叫荻团或者牡丹团，倒确实没有叫荻饼更上口，而且从唐代时由我国传入日本，原名就是牡丹饼，只是在制作的时候，做成了另一种东西罢了。不过反正都是面食，如果看着不爽，吃的时候捶上一拳，砸扁了，那不还是个饼吗？

再有一个不像饼的饼，是草饼（草餅）。个人觉得它更应该归到团子军团中去，是加入艾草的青色团子。文学史上有著名的"草饼事件"：作为伊势神宫御师的荒木田，在田子村拜访檀家（施主）时，正赶上艾草的采摘季，被檀家们盛情款待，吃草饼吃到吐。

中国的饼，大多是重油轻甜，无论烧饼、煎饼还是葱油饼，外表看来都是油亮亮的。

日本的饼则很少见油星，至于那个什么可乐饼，舶来时间较短，还未被完全和风同化，油汪汪的，更像西餐。

还有一种带点儿油的日本的饼，却是在国内也能经常吃到的。我们的小孩常吃的小零嘴儿里面，有一种奇形怪状的饼干，方不方，圆不圆，叫"仙贝"（せんべい），它却也是一种"饼"，在日本传统的叫法是"煎仔饼"，是一种膨化食品，从日本传到了台湾，又由台湾传到了大陆。这种煎饼，倒真是日本土生土长的，看起来也更像饼，只不过蓬松酥脆，更接近于饼干。

煎饼有圆形的，也有长方形的，还有一条一条的，像虾子的纹路，传到我国，叫"虾条"，这个名字,想必每个小孩子都不陌生了。圆形的,被叫作雪饼,那个不标准的长方形,就是仙贝,薄薄的一片,看起来不大像贝壳,倒很像占卜用的龟甲,这仙贝,也确实和乌龟很有渊源。

类似仙贝这种小煎饼样的东西,我们中国在西元前的汉代就有了,还是皇宫中,只有皇帝和他的几百个老婆才能吃得起,并且要在节庆日的时候吃,可见有多讲究。飞鸟时代,这种贵族食品被带到了日本。最初它是用水将小麦和成面团,再用油煎成的,后来换成用粳米或糯米的米粉制作,味道更加出色。

平安时代,日本著名的高僧空海法师,像唐僧西天取经一样,漂过茫茫大海,跟着遣唐使西行,到达长安。和尚是不许吃肉的,所以即使是高层接待,也只能是精致的素斋,但形象上,却模仿各种荤菜,如人参果一样,以示气派。空海法师吃到了一种小乌龟形状的仙贝,非常合他的口味,于是把这种仙贝的技法,随着佛儒道的思想,一同带回日本,指导京都的和果子屋,做出了这种小龟形状的煎饼,一直沿袭至今。这种煎饼做法,也算一种非物质文化遗产了。柯南里面满满的一大盘煎饼拼盘,也是这种变换形状的仙贝。

日本动漫里还有一种饼,是大家非常熟悉的,那就是哆啦 A 梦的铜锣烧(どら焼き)。大多数的猫都不喜甜食,闻都懒得闻,但是机器猫却背叛了猫族,怕老鼠,爱吃铜锣烧,像小孩子一样,偏好这种甜甜的带着红豆沙馅的小零食。也有一种说法,是它的耳朵被咬掉后,他的猫女朋友为了安慰他,从四次元的口袋里拿铜锣烧来安慰他,铜锣烧这样甜并且好吃,让机器猫从此爱上了它。但笔者觉得,更大的可能是作者爱吃铜锣烧吧,把能量交给机器猫,把烦恼交给铜锣烧。

然而这些饼与镜饼比起来,那确实是小巫见大巫。

镜饼(鏡餅)在日本人心中的地位,宛如我国很多地区大年三十的饺子,新年旧年交子之时,一定要围在一起吃一顿饺子,外有面,内有馅,连菜带饭都有了,很符合简约生活的原理。但吃饺子,不能简单地视为吃饭吃菜,因为那不仅仅是在吃一种风俗,也是一种幸福和一种信仰。

镜饼,严格意义上说,它也不能算作是饼,虽然牵强地做成扁扁的形状,但说白了就是两块年糕。我国南方地区，也有很多在过年时候吃年糕的风俗，却绝对没有镜饼这么讲究。

你第一眼看见它，怎么都不会觉得它能吃，这也太花枝招展了，况且供在家里最显眼的地方，各种象征意义，看着就有神性，如何下得了口？

在日本人心目中，它还确实是有神性的。就如我们过去在端午节要戴的香囊和各种彩色丝线，或者是圣诞树上乱七八糟闪闪发光的小玩意儿。镜饼的每一个装饰部分，都是有深意的。

放镜饼的台子称为三方，而镜饼下面那四个角的红纸，称为四方红，象征着天地四方；裏白，则是叶子，意味着繁荣；串柿代表长寿；御币，则是用来除魔的；上面放个新鲜的橙子，因为橙子在树上时，果实长久不落，这渐渐壮大的果实，是希望家里越来越兴旺；上面再加把花花扇子，跟招财猫的爪子是一个功能，把幸福招引过来。

镜饼

各种好口彩，其繁复不亚于在中国民间，家族祠堂过年时祭祖的"五供"和各种供果，而镜饼本来也是给岁神的供品，就像我们自己欢乐之前，要先祭祀财神、灶神、祖先神一样。

对日本人来说，镜是一种有灵性的物件，在民间宗教里也是一种神器。把年糕做成圆形，既有神性，又象征圆满幸福，而两块叠起来，未免有点儿贪心，要好事成双，不论大的小的都要好运，世世代代繁荣下去。

不过也有更具哲理的说法，把镜饼神化起来，认为它代表了人们的三种理想——橙为玉，代表生活保障；镜饼是镜，代表精神文化；串柿是剑，代表道义一贯。总之，一整套镜饼和日本皇室的象征"三种神器"暗合，又是奔赴幸福生活的三个代表。

但是镜饼这么麻烦,如果现代个体小家庭搞起来,那真是要好一番折腾,于是体贴的商家推出了小型的镜饼,在超市里一套一套地出售,就像我们烧香拜佛的时候,也会有一套的香花果礼。于是现代日本在过年的时候,一般家庭,都会在客厅显眼的地方摆着这么一个袖珍的幸福套装。这神神道道其实也是有依据的,据说在垂仁天皇时代,大国主命神曾经对大物主神的女儿大田田根子说:"元日(也就是正月正日),红白的饼祭拜荒魂大神会得到幸福,而且会招来缘分。"难道说,这两块大饼还是个月下老人的红绳、情人节的巧克力?

镜饼从 12 月 28 日,供到次年 1 月 11 日,使命完结,开始了它新的生命 —— 作为食物的命运。很多外国人第一次看到镜饼,都很质疑这东西还能吃。但是日本人会很虔诚地,将供奉了十多天的镜饼弄碎,蒸煮焖炖,煎炒烹炸,哎哎,你们怎么把神的粮食给吃了?

但是镜饼的诱惑实在是太大了,不但有上面说的种种吉祥与好处,还被认为能从中得到神的力量。虽然逻辑上有点儿让人纳闷,但是愿望实在是美好的。正如圣诞夜,在天主教堂里,信徒们会聚集起来,进行分饼礼,他们认为,喝红酒吃圣饼,便是分食了基督的血与肉,称为领圣体,没有血腥,只有神圣与赞美。那么吃掉镜饼,也是一种对神性的在物质上的领悟吧。

9

——

火的洗礼

熟食

1

海军范儿 —— 肉じゃが

"割主烹从"是日本料理的精髓,这似乎给许多人一个错觉:"日本料理,不就是生鱼片嘛,生东西切好了端上来而已。"错!大错!要知道,以刺身为代表的生食在日本料理中只占一部分,并不等于日本料理的全部。占据日本料理大部分的是形形色色五花八门的熟食,"烹"虽然是"从",但如同繁茂的绿叶一样,衬托着"割"这个"主"。

说到烹饪,煮、炒、煎、炸、烤、蒸 …… 凡是中华美食里有的技巧,日本料理里几乎都能找到。单是煮,煮萝卜、煮牛肉、煮鱼 …… 各种各样的食物放到汤水里用火咕嘟嘟地炖着,这是日本每家每户在饭点时都能看到的情景。

煮物,在日本料理中被单列为一大类,鱼和萝卜这两种日本人最喜欢吃的东西是经常被下锅煮的对象。先说鱼,比较流行的煮鱼法就是"甘露煮",把鲤鱼、鳟鱼之类的淡水鱼先烤熟,然后把酱油和味醂加上砂糖和水饴(一种以麦芽糖为主要原料的甜味调味料)做成"出汁"倒入,将鱼煮至骨软,酱油里的氨基酸和糖发生化学反应,散发出浓烈的酱香味,同时把鱼身染成了鲜亮的酱红色。煮成后的烤鱼充分吸收了酱汁的味道,甜中带咸,皮酥肉嫩，淡水鱼料理的最高境界莫过于此。甘露煮同时还可以用来做栗子、豌豆之类蔬菜的料理，效果也非常赞。至于海产类，就采用"佃煮"的方法。这一烹饪法发源于江户时代摄津国的佃村，当地的渔民在出海打鱼的时候，用这种煮法将海产品制成可保存的食物作为船上充饥的便利餐，把小型海鱼、海带、贝类等海产品加入酱油和糖，煮到食物完全把酱汁收干，配上米饭食用。佃煮在江户时代就传到了全国的政治中心——江户，又被每年都来这里"参勤交代"的武士们带到了全国各地。近代以后，从明治十年（1877）的西南战争开始就成为军用食品的制作方法之一，进一步风靡全国。

"大根"（萝卜）也是煮物的主角。比较简单的做法就是"风吕吹大根"（風呂吹き大根），这里的"风吕"并不是洗澡的意思，而是日本漆匠阴干漆器的房间。据说古代日本漆匠在冬季苦于漆器难干，有人就教他们，把萝卜煮成的汁吹进阴漆器的房间就能达到快干的效果。这似乎是很玄妙的事情。不管这方法有没有效，反正工匠们煮了一大堆萝卜，取去汤汁，萝卜就被送往附近的民家继续加工成料理，"风吕吹大根"就这样诞生了。这是个无法考证的传说故事。不过"风吕吹大根"本身的做法还真是有点儿像"风吕"（洗澡）。把萝卜去皮，切成 4 厘米厚的圆片，一面用刀划十字以方便入味，然后放到淘米水（或水里加一把米）中煮熟，另取一锅，把海带放到底部，把煮过的萝卜放到上面，加水再煮，拿出后倒上酱油、味噌等调味料做成冷盘。这道菜，给萝卜洗了两次热水澡，让萝卜吸收了米饭香味，又吸入了海带汤汁的味道，在变软的同时口感也更丰富了。因为"風呂吹き"的读音和"不老富贵"一样，日本人在吃这道菜的同时也觉得讨了个好口彩。类似的还有"狮鰤鱼大根"（ぶり大根），狮鱼是日本常用来食用的海鱼，又叫"平安鱼"，它含有丰富的脂肪，特别适合冬季做高汤用。这道鰤鱼大根就是用鰤鱼的"下脚料"带出汤的味道，把去皮切开的萝卜用淘米水煮过，然后连同鰤鱼一起，放入生姜、酱油、砂糖等调味料煮熟，鱼的香甜味带出了萝卜渗透的饭香。这些做法都可以很好地掩盖萝卜本身具有的一丝苦味，相信即使是不喜欢吃萝卜的人也会忍不住去尝一下。

或许有人说，这些都不够看啊，煮鱼、煮萝卜怎么也比不上煮肉有技术含量，有诱惑力啊。其实，鉴于日本古代趋避肉食的习惯，禽类、兽类的相关料理很多都是近代开放以后才逐渐出现，而且很多带着"洋味儿"。要说比较传统点儿的，就是类似于中国东坡肉的"角煮"，不过日本人一般用的是猪排，以姜片去腥，加酱油和酒做成肥而不腻的猪肉料理。这种烧法在西日本的九州、冲绳这些靠近中国的地方比较流行。至于关东一带，老百姓最喜欢的还得数"肉じゃが"这道有着海军范儿的煮物。

从明治时代开始，旧日本陆军和海军的争斗就人尽皆知，陆海军之间除了争夺政治话语权、争抢军费拨款、战时各行其是等"大纷争"以外，还持续有一些"小摩擦"。比如陆军对海军的良好待遇一直眼红不已。看《坂上之云》就知道，陆军连司令官大山岩、参谋长儿玉源太郎这些高级军官都住在四面透风的破庙里，喝风吃泥，中下级军官和士兵更是要多惨就有多惨；而东乡平八郎、秋山真之这些海军军官们在军舰上优雅地喝着葡萄酒，一个个衣冠楚楚。这可是真实的写照，1942 年成为日本海军联合舰队旗舰的著名的"大和"号战列舰被戏称为"海上的移动餐厅"。风餐露宿的陆军一想到海军们在船上开着红酒吃着大鱼大肉就恨得咬牙切齿。

就拿咖喱饭来说吧。日本最好吃的咖喱就在原海军军港横须贺，称为"海军咖喱"。日本海军吃咖喱的习俗一直流传到今天，每个星期五，海上自卫队集体吃咖喱，且各舰艇都有独门配方，各部队咖喱味道都不一样，而陆军只能眼巴巴望着流口水。要知道，咖喱这东西一煮就是香飘十里，如果一支陆军小队驻扎在平原上，支锅做起咖喱，那香味肯定会把方圆十里的敌军全招来，没等开始享用，估计就陷入十面埋伏了。而在茫茫大海上的海军却没这样的顾忌，堂而皇之地做起咖喱。日本海军做咖喱的传统来自他们的旧盟友 —— 英国。日本从明治时代初建海军开始就刻意学习当时世界第一海军强国英国的范儿，从军装到装备，从步操到饮食，无一不学，全盘照收。当时尚为英国殖民地的印度是世界上最有名的咖喱生产国，英国海军就从印度人那里弄来了咖喱，以此代替不易保存的牛奶制作他们喜欢吃的炖菜，配上面包做日常餐。当时正为脚气病（维生素 B_1 缺乏症）所苦的日本海军很快学会了吃咖喱，海军军医高木兼宽借鉴英国人的做法，在咖喱里加上了含有维生素 B 的小麦粉弄成了糊状，再配米饭。没想到，味道出奇的好。日式的咖喱没有印度咖喱那种刺鼻的异味，入口还带点儿小麦的微甜，很适合

肉じゃが

东亚人的口味,和米饭也是完美的配搭;而且糊状的咖喱不会因为船体的摇晃而晃出食器,所以成为海军食品的首选。

"肉じゃが"也是让陆军口水三千丈的海军奢侈品。其实这道菜许多中国家庭都做过,它就是大名鼎鼎的"牛肉炖土豆"。这道菜的发明被归功于日本海军元帅东乡平八郎。东乡在日俄战争中作为联合舰队司令长官指挥海战,以日本海大海战中一举击败远道而来的俄国波罗的海舰队而成名,被奉为海军的"军神",所以许多海军相关的传奇故事也被归到了他的名下。东乡平八郎在 1870—1878 年期间留学于英国朴次茅斯的商船学校,当时,他吃到了一道炖牛肉(beef stew),英国人用了牛肉、土豆、西芹、胡萝卜、洋葱等加上红酒炖成一锅,东乡吃得极为受用。鉴于英国人具有常常做出"黑暗料理"的特点,颇为怀疑东乡当时是怀着朱元璋落难时吃到"珍珠翡翠白玉汤"时那种心情去品尝这道炖牛肉的。回国以后,抱着无比怀念的心情,东乡让舰队的厨师也做这道料理,但厨师两手一摊,表示做不成 —— 西洋料理里一般都会用到一种混合的浓缩酱汁,叫 demi-glace,日本当时可没那玩意儿,而且也没有红酒。东乡手一挥:"那就加酱油和糖吧。"

就这样,一盘山寨版的炖牛肉就火热出炉了,东乡一尝,挺适合日本人口味的。于是,这种料理就在海军中大力推广了。昭和十三年(1938),海军印了一本《海军厨业管理教科书》,把这道料理弄成电脑程序一样一丝不苟:打火,倒油,3 分钟后放牛肉,7 分钟放糖,10 分钟放酱油,14 分钟放魔芋、土豆,31 分钟放进洋葱,34 分钟关火装盘。可以想象,一个个海军厨师照着这个连闭着眼都能做的程序,把一盘盘"肉じゃが"从各舰队的厨房里端出来,是多么壮观的场景。海军伙食之好由此可窥一斑,以至于大批海军厨师退伍以后直接开起了饭店。战后,"肉じゃが"就由军队流入民间了,在 20 世纪 60—70 年代,由于其美味、简单,所以迅速占领了家庭餐桌。日语有个词叫"おふくろの味",专门指的就是"妈妈的味道"、"家居味",在日本人心目中,能够得上资格称"おふくろの味"的料理,除了人人早上都喝的味噌汤,就是这道"肉じゃが"了。

同样由英式炖牛肉发展而来的还有"大和煮"。明治时代,就产生了用鸡肉加糖、酱油做成的料理,由千叶县一个叫前田道方的做食品罐头的人制作出售,被朝野新闻社总编命名为"大和煮"。大正年间,最早在横滨创立的食品店"明治屋"开始出售牛肉的"大和煮"罐头,很快受到广泛欢迎,甚至被陆军选为军用食品,一直到现在,都还是陆上自卫队的"战斗粮食Ⅰ型"罐头的配方。相比起海军在舰船食堂吃到的热腾腾的"肉じゃが",陆军那冷冰冰的"大和煮"罐头就显得黯然失色,无怪乎陆军要嫉妒海军的精美口粮了。

2
文明开化的象征 —— 寿喜锅

还记得三年前去日本,在箱根山脚下的一家小宾馆入住。夜幕降临,华灯初上,在洗完了温泉浴以后,大伙儿到了餐厅,坐在榻榻米上,惊喜地发现面前的几案上摆着的是一只火锅,琳琅满目的海味、肉和"野菜"超诱惑地摆满了一桌。但日式的火锅似乎完全不同于中国的火锅,在材料还没下锅前锅子里已经放了满满的料,让人看起来似乎开始就有大大的满足感,又带着点儿"万一吃不完怎么办呢"的莫名恐惧。很快我们发现,这种担心是多余的,这火锅比较清淡,汤料带一点儿微甜,加上海味经过一段时间的炊煮后,鲜味已经融到了汤汁中,这个时候,把料入水余烫一下,不蘸任何调味直接入口,半熟的嫩肉、还带点儿脆的 "野菜" 带着鲜汤的味道诱惑地挑拨你的味蕾。这一顿,人人吃到挺着肚子仰在榻榻米上。

寿喜锅

不论是中国还是日本，只要上一只大锅，乱炖上一些东西，"不小心就吃多"的事是很容易发生的。电视剧《花的懒人料理》里，主角驹泽花经常把一大堆东西乱炖一锅，就凑合了一顿，吃完就发现：减肥计划也泡汤了。

在日本，锅料理其实是流行得挺早的东西。甚至可以这样说：旧时百姓家户户吃的都是锅料理。这和日本旧式建筑里的"围炉里"有密切的关系，在起居室的中央挖一个方坑，放进炭火，煮的东西则被吊装在上方加热。"围炉里"不但能加热食物，而且可以借助它烘干衣服、取暖，甚至防止旧式茅草屋的房顶腐烂，特别是在寒冷地带，"围炉里"简直成了标准配置。

所以，在日本的古装剧中，经常可以看到一家人围着"围炉里"，一边取暖，一边其乐融融地享受着各种锅子里捞出的食物。这放到现在，不就是火锅的原型么？

最简单易行且经济实惠的日式火锅非"汤豆腐"莫属。即使是一个人也很适合自斟自饮。一大块豆腐、一点儿海带，把海带铺在汤锅底，注水，放上豆腐，炖熟。一块豆腐能值几钱？加上点儿清水蔬菜，一人吃饱，全家不饿。如果嫌太清淡，可以加一些鳕鱼、萝卜等配料。豆腐汤里烫一下大白菜，再蘸上酱油吃是最好不过的享受。

但对于集体的胡吃海喝来说，"汤豆腐"就太"清贫"了。在日本最流行的该属寿喜锅（すき焼き）。

曾跟朋友去吃过那么一回，在点单的时候，服务员就提醒说："有点儿甜哦。"带着身为吃货没有什么不敢下口的豪气一挥手："尽管上。"少顷，热腾腾的寿喜锅就端上桌了，上面一边很诱惑地摆满了牛肉，另一边则是覆满了大白菜，配上划着十字刀的香菇、白玉一样的豆腐，根根透明的番薯粉丝，如佳人纤纤玉手一般的大葱段。非常神奇的是，服务员还端上了两碗生鸡蛋，解释说应该把生鸡蛋搅碎了作为蘸汁，把锅里捞出的食物在生鸡蛋液里蘸一下吃。

新奇的吃法！不过满桌子似乎除了我都没人敢尝试生鸡蛋液，在许多人的思维里，生鸡蛋液和腥臊味应该能画上等号。但一入口就发现，裹生鸡蛋液的吃法真的有道理的。把吸收了甘甜汤汁的蔬菜或牛肉从寿喜锅里捞出来，放到生鸡蛋液里的时候，生鸡蛋液由于本身具有黏性所以完全附着在食物上，使食物中的汤汁牢牢锁住，还增添了一点儿嫩滑的口感，汤汁本身的甜，只有渗透生鸡蛋液的生鲜才能被提升一个层次。突然也悟到了，寿喜锅为什么必须是这样微甜的口感，如果是偏咸的，裹上生鸡蛋液就有违和感了。

寿喜锅在日本就是牛肉锅的代名词，要说牛肉，当数"神户牛肉"最为有名了，作为吃过正品"神户牛"的人负责任地告诉各位，口感确实不一样，每片牛肉都装在盒子里，开盒以后首先映入眼帘的是一张正品行货证，牛肉整片呈现出大理石一样的色泽和肌理。放到铁板上烤至五分熟以后入口，牛肉入口即化，毫无肥腻感，这样的牛肉，要做成寿喜锅，就成为奢侈的享受了。

寿喜锅也叫作"锄烧"或"牛锅"，日语写作"すき焼き"（SUKIYAKI）。"锄烧"这个名字的由来，根据江户时代的《料理早指南》一书的记载，源自农民把鸡肉等一些随手可得的食物放在锄头上烤熟吃的习惯。"锄"字读作"すき"，大致和"寿喜"两字差不多的音，喜欢吉祥字眼的中国人就把这个东西音译成"寿喜锅"了。江户时代的寿喜锅一般是用鸡肉、鸭肉或者鱼肉去做，在《鲸肉调味方》一书里还有种说法，说用的是鲸肉。鲸肉，在江户以前还是贵族赠答的"奢侈品"，到江户时代才有了有组织的捕捞，鲸肉的料理也就应运而生。当然吃牛肉还是当时许多人想都不敢想的。直到1859年横滨被开放为通商口岸，大批的洋人带着他们的吃肉习惯入驻这个城市，好学的日本人突然觉得，吃牛肉也是"文明开化"的标志，于是开始模仿起吃牛肉。当时著名的思想家福泽谕吉就竭力鼓吹吃肉，他认为日本人之所以矮小，在身高、体格上不如西洋人，归根到底就是

锅料理

日本人没有吃肉的习惯。他耸人听闻地表示:不吃肉就体力虚弱,体力虚弱就有亡国的危险。在明治五年(1872)1月24日,明治天皇下令试吃牛肉,并让报纸大肆报道一下天皇吃牛肉的消息,以"率先垂范"。于是,民间一窝蜂地开始吃起牛肉来。作为开放前沿的横滨在1862年就有了第一家牛锅店,1867年,江户也开出了牛锅店,另一个通商口岸神户也在1869年开出了第一家牛锅店"月下亭"。一时之间,去牛锅店吃一顿成为一种时尚潮流。当时的小说家假名垣鲁文在小说《安愚乐锅》中就描绘了"无论士农工商老弱男女贤愚贫富,如果不吃牛锅就是不开化不进取的下等人"这一疯狂的"牛锅热"。

寿喜锅实际上很"日本",关东人用的是切成大薄片的牛肉,加上酱油、糖、味酥还有日本口味的海鲜汤煮熟后端出来热腾腾地吃。早期辅料用的是大葱,现在很多用的是洋葱提味,再加上香菇、老豆腐、魔芋丝、"野菜"等料,把整个锅塞得满满的,颇有幸福感。而关西的吃法更见"技术含量",把一大坨牛脂放到铁锅中间的一个凹陷部分,放入牛肉、糖、酱油、大葱等食料,在煮的过程中,牛脂慢慢融化进汤水里,令汤水更为醇厚鲜美。

要说"すき焼き"(SUKIYAKI),估计很多日本人都会想起那首超流行的歌《上を向いて步こう》,这首歌1961年由已故歌手坂本九唱红日本。这首歌红的速度堪比《忐忑》之类的神曲,在1961年8月19日的NHK节目首度播放以后,立刻霸占了当年11月到次年1月整整三个月的唱片销售冠军位,然后就被介绍到英国。在翻译曲名的时候,英国人觉得直译"I LOOK UP WHEN I WALK"(抬头挺胸向前走)太长,难以让乐迷记住,索性就拿他们心目中日本料理的代表——SUKIYAKI做了歌名,Kenny Ball演唱的英文版又占据了全英排行第十,美国人坐不住了,立刻把这首歌引进发行,在 *Billboard* 杂志上连续三周(6月15日—29日)排行榜首,在 *Cashbox* 杂志上更是6月15日至7月6日连续四周榜首,在全世界70个国家有1300万张的销售量。SUKIYAKI就这样被一首歌唱红了。

这首歌有很多中国人也听过,它被梅艳芳翻唱成《愿今宵一起醉死》,要说近一点儿的话,徐怀钰在2007年唱的那首《小女人的心》也是这首歌的翻版,流行音乐真会一不小心就听到日货了。

3
和风 BBQ—— 焼き物

杭州有一家远近驰名的烤禽店，出售的烤鸡极受本地人欢迎。虽然店面不大，但每天营业时间排队的人都能站满人行道。这家的烤鸡有几个妙处：皮薄如纸，肉质鲜嫩，香气扑鼻，最适合趁热直接咬上一大口，让鸡油从肉中顺着牙缝渗透出来，整条肉顺着舌头就滑进肚子里了。吃过一次，就会知道为什么这家不起眼的里巷小店会从早排队到打烊了。

接触过的人中似乎没有一个排斥烤的东西，细想一下，"烤"似乎是人类最早的一种烹调方法，大约原始人发现使用火的办法以后，就学会了把各种兽肉放在火上直接烤熟的技巧。烤肉人人喜欢，不知道是不是人的"恋旧"情结在作怪。

"烤"和"烧"是不分家的，所以才有"烧烤"之说，日语里把烤的东西叫作"焼き物"，其实，除了烤以外，煎、炒等方式也被列进了"焼き物"的范围内，大概在日本人看来，这些都是属于比较"小众"的烹调法，所以索性把它们归一起了。

从"烤鸡"这个名词的叫法，就说明日本人对这类东西的重视程度了，"烤鸡"叫"焼き鸟"，实际上，除了烤鸡，烤麻雀、烤鸭子、烤鹌鹑统一都叫"焼き鸟"（日语这是有多懒）。日本的烧鸟并不像我们的烤鸭、烤鸡一样整只地进挂炉，而是把鸡肉或雀肉切成丁，像街头的烤羊肉串一样串起来，五到七个一串，所用的炉子也大多是类似烤羊肉串的长方形炉，里面摆着烧得通红的炭，上面架一铁网，

焼き鸟屋

插成串的鸡肉在上面烤到嗞嗞响，撒上盐和糖，倒点儿酒、酱油和味醂，最好是撒上那么一点儿"唐辛子"提点辣味，带着炭火的焦味就塞进嘴里，滚烫的鸡肉散发出油香，肆意扩散。

别小看这种似乎是街头摊型的"低档小吃"，在日本许多"居酒屋"里都提供这个当下酒的招牌菜，这类居酒屋有个专门的名字就叫"烧き鸟屋"。当然要注意的是，不是所有的"烧き鸟屋"都是烤鸡肉，有时候你走进一家"烧き鸟屋"，店主给你一串肉，一入口就发现感觉不对："怎么会是猪肉！"更有甚者会递给你一盘烤好的猪大肠之类，严格地说，用猪肉的叫"烧きとん"，而用内脏的叫"ホルモン烧き"，但许多日本人在这小吃上却没那么多讲究，统一叫"烧き鸟"，完全不惧"挂鸟头卖猪肉"的谴责。至于内脏，在古代日本是被当成脏东西遭到厌弃的，吃内脏据说是从韩国传来的，最初日本人并不接受韩国人的料理，因为韩国毕竟一度是日本的殖民地。到战后初期，国土满目疮痍的日本人饿急了，什么都吃起来，连田鼠之类都不能幸免，猪大肠这样好吃又实惠的东西自然不会放过了。

想起台湾夜市有一种名叫"七里香"的热门小吃，就是把五六个鸡屁股串成一串做成

"焼き鳥",鸡屁股松软多汁,烧烤过后没了一点儿臊味,所以最受食客的欢迎。想来这也许是日式"焼き鳥"在台湾发展出的特殊品种。

"照烧"是另一个出镜率比较高的名词。照烧鸡腿、照烧猪排、照烧鱼……在享受这些美食的同时,许多人肯定有这样的困惑:"照烧"究竟是什么东西?照烧,日语写作"照り焼き",乃是采用酱油为主料做成带有甜味的酱汁,把它涂在食材的表面,然后下锅煎或烤做成的一种料理。这种酱汁日语中叫作"タレ"(读作TARE),由此这类料理就用类似的音叫"てり焼き"(TERI YAKI),"てり"用汉字就写作"照り",所以"照烧"绝对不是烧得光光能当镜子照的意思,和"照"完全没有任何关系。

照烧,最好的当然是鸡肉,狮鱼也非常赞。我们吃到的照烧鸡柳之类,都是用酱油、糖和酒混合而做成酱汁。为了提升食物的味道,偶尔也有用蜂蜜替代糖、用味醂替代酒的,照烧的妙处在于,它把肉类里的那点儿脂肪逼出来,既增加了食物的香味,又符合了减脂的健康要求,所以在日式的便当里经常会出现这种料理。记得当初在日本旅游的最后一天,晚餐的便当中有一只极美味的照烧鸡腿,原味儿的照烧酱被烤得渗透入整只鸡腿的表皮,一口咬下去,除了鸡肉的嫩以外就是酱油的甘味,照烧果然是鸡肉最完美配搭,由此也想到,为什么照烧鸡腿汉堡是洋快餐里最受欢迎的一类了。

当然,最家常的"焼き物"还得是"焼き魚",取秋刀鱼、鲭鱼这些平价的鱼类,先用盐腌过,用竹签子把它们长长的鱼身直接串起来,架在火上烤熟。高级一点儿的店会把鲷鱼用味噌腌过后烤,大有暴殄天物的感觉。对于注重外观的日本人来说,烤也是很有艺术的一件事情,烤出来的东西卖相不好绝对影响食欲,对于鱼尾巴等容易焦的部位,日本人会事先盖上一层厚厚的盐来防止焦坏,这叫"化妆盐",这才是最"日本"的BBQ。

ホイル焼き

再文艺一点儿的就是"幽庵烧",日本人把这种料理法和江户时代的茶人北村幽安联系到一起。颇怀疑所谓"幽庵"的说法又是附会,其本名应该是"柚庵",把酱油、酒、味醂按1∶1∶1的比例混合,加入切开的柚子,把鱼浸到里面腌制入味,然后上火烤。这种烤法有水果的幽香渗透出来,多少就带了些文艺范儿了。

个人最喜欢的还得数"ホイル焼き",有一年烧烤的时候,一位同事给我露了那么一手:洋葱和切开的鱿鱼用锡箔纸包裹,放到烧烤炉的网格上,少顷,打开,洋葱和鱿鱼所带的水分已经变成了汤汁,淋上酱油,撒盐,加一点儿胡椒粉和自带的料酒,最后挤上那么点儿柠檬汁,顿时香气四溢,把周围正烤着火腿肠、羊肉串的吃客们全吸引过来了,大家纷纷放弃了手中现有的食物,如风卷残云一般把这一包鱿鱼烩洋葱席卷一光。这就是日本人说的"ホイル焼き",那张锡箔就好像一纸奉书一样,也令它得了另一个风雅的名字——"奉书烧"。BBQ的时候,锡箔纸是一种奇妙的道具,火和食物之间隔了一层锡箔,炭火味和食物就此绝缘,营造出完全不一样的BBQ效果。不信的人都可以去尝试一下。

4
蛋的魔法

每当过年过节的时候,家里都会做起蛋饺。做蛋饺最好用旧式的煤饼炉子,拿一个球形底的大勺,用一块凝固了的猪油在勺子底上擦一下防止粘勺,将打散的蛋液倒少许入勺,快速晃动勺子让蛋液均匀受热摊成一张圆圆的蛋皮,放上肉馅,用筷子小心地把一侧蛋皮剥离勺底,对折成饺子状。蛋饺最好的吃法是蒸,做汤料也是一绝,第一个发明用蛋代替面做饺子皮的人真是天才!

没有比鸡蛋这东西"脾气"更好的食材了,可塑性极强,遇热凝固就可以变幻成各种形象。加上其他食材后味道也可以千变万化,加上番茄炒带点儿酸,配苦瓜炒带点儿苦,做到蛋糕里带着甜。跟任何东西搭配也都不会突兀。记得当年大学食堂里,炒蛋成为一道最受欢迎的自选菜,只要你想得到,食堂大师傅都可以给你炒出来——番茄炒蛋、青椒炒蛋、肉丝炒蛋、虾仁炒蛋、小葱炒蛋、韭菜炒蛋……以至于本校的食堂一度有这样一个传说:除了鸡蛋本身以外,其他都被拿来炒蛋了。

玉子烧大概是最像蛋饺的东西。《深夜食堂》里有一个在二丁目经营了 48 年酒吧的小寿寿先生

玉子烧

最喜欢吃玉子烧,这位有点儿娘娘腔的怪人每次都拿着玉子烧和邻座的一个混黑社会的阿龙交换红香肠吃,这一分吃就让两人变成了朋友。玉子烧是一种非常"专业"的料理,专业到竟然还有专门器具 —— 玉子烧器,其实就是用铜制成的一个平底锅,有正方形和长方形两种,正方形的叫"东型"、长方形的叫"西型"。从这称呼来看,大约日本人又在玉子烧器这个问题上纠结关东关西的分别了。不管是东型和西型,做出来的东西其实差不了多少,根据《深夜食堂》第一集末尾的示范:在玉子烧器上涂好油,把鸡蛋打散,倒进方形的玉子烧器中,略略凝固,用筷子把蛋液起的泡戳破,趁表面还流黄的时候快速翻卷,然后把翻卷成的蛋卷推到一边,在空出的一边再倒进蛋液,把先前已经卷好的蛋卷再卷上一层,出炉,这样就做成了一个如折叠起来的棉被一样的玉子烧。如果想要改善口味,可以在倒入鸡蛋以后就卷进一些作为馅料的食材:虾、明太子、鱼干…… 只要你想得到,都可以卷到里面。

曾经吃过"豚平烧",就是玉子烧的"升级加强版",把猪肉片和高丽菜丝裹进玉子烧里面,表面淋上一层番茄酱和美乃滋,酸的、甜的、咸的、热的、生鲜的齐聚一盘,彼此口感并不冲突,反而相辅相成,这或许都得益于鸡蛋的"调和"作用。

玉子烧,说穿了就是卷蛋皮,简单易行,只要买个玉子烧器,家常都能做。但在等级泾渭分明的日本料理界,即使卷蛋皮也是有低级和高级之分的。高级的"卷蛋皮"有个异常霸气的名字 —— 伊达卷。

　　说起"伊达",很多人会立刻想到知名的战国大名伊达政宗,据说他最喜欢吃这玩意儿,所以才有了"伊达卷"这个名字。这东西之所以高级,是因为它在蛋液里加了点儿高级的玩意儿——鱼肉或虾肉打成的浆(许多人做的时候为了方便,直接买"半片"代替),然后再加上糖、味醂等调味,烧成蛋皮后卷起来,颜色华丽,一看就令人想到"独眼龙"伊达政宗的独特品位。文禄二年(1592),丰臣秀吉为侵略朝鲜,征集各家大名从军,伊达政宗带着手下军队大张旗鼓地进京了,绚烂的服饰,耀眼的装束,明晃晃的兵器,一水的高头大马,引来观者如潮,万人空巷。和奥州伊达家的名门范儿相比,出身卑微的丰臣秀吉那用黄金建茶室的暴发户味道相形见绌,"伊达者"这个称呼一时间名扬京都,成为华丽风的代名词。

　　伊达卷即使不是政宗所喜欢的食物,那范儿也配得上"伊达"这个名字。对于日本人来说,伊达卷有特殊的意义——它是正月里的"御节料理"中必不可少的一部分,一如许多中国人过年非得吃顿饺子,日本人过年桌上必有伊达卷。因为伊达卷看起来就好像卷

玉子豆腐

茶碗蒸

起的书，象征着文化、学问，寓意新的一年里学业有成，逢考必过。在象征初升之日的红米、象征驱除邪恶的黑米和象征清净的白米所做的食物之间，摆着黄色的伊达卷，从色彩搭配上来说，也是种视觉的享受。

　　鸡蛋除了用来烧，当然还可以用来蒸。在超市里，能买到一种叫"日本豆腐"的玩意儿，往往是包裹成火腿肠那样子，剪开包装挤出来的是带着黄色的、如玉石一样剔透的"豆腐"，入口一尝，完全没有豆腐特有的豆腥味。这当然不可能有豆腥味——这里面完全没有豆子的成分，日本人把它叫"玉子豆腐"，和"玉子烧"一样，"玉子"就是鸡蛋。这是家家户户都能做的一种懒人料理，在碗里打个鸡蛋，搅碎，加少许水，加入盐调味，然后放到锅子里蒸熟，就是一碗水蒸蛋了。玉子豆腐不过就是水蒸蛋再加了一道工序——放到冰箱里冻凝固。把凝固后的水蒸蛋从容器里倒出来，就可以拿来做别的菜。记得本地有一家店，把玉子豆腐加上虾仁、洋葱、玉米，放在一片摊平的蛋皮上做成铁板烧，撒上酱油、番茄汁、糖，酸中带点儿甜，甜中带点儿咸，还混杂着海鲜味，变玉子豆腐为"烧き物"的做法确实把蛋善变化的特性发挥到了极致。

　　玉子豆腐的另一个变种，就是名侦探古畑任三郎最擅长的"茶碗蒸"（茶碗蒸し），用一个小小的茶碗做容器，打入蛋，搅匀，在蛋液里加鸡肉、鱼肉、香菇、虾肉、鲜笋等，入锅蒸熟。这道料理的妙处就在于端上来的时候初看平淡无奇,最引人注目的无非就是水蒸蛋的上方有时放着一只揭开壳的海贝,但用勺子"挖"下去就会发现内有乾坤,从滑溜溜的蛋中跑出来的是各式海鲜和山珍,每一口都能吃到惊喜。据说一个主妇会不会做饭,有没有创意,只要看她做茶碗蒸就知道。端出来的茶碗蒸用了哪几味料? 彼此之间的口感搭配怎么样? 最终成品的布局和卖相好不好? 这些都能成为评判主妇手艺和眼光的标准,小小一碗茶碗蒸,里面的乾坤可是很大的。

10

不可少的东西

1
芥末

两个从未吃过日本菜的人 A 君和 B 君，为了尝鲜，来到日本料理店。看着精致的美食美酒美器，食性大发，A 君对那一小碟可爱的绿色十分感兴趣，挖了一大勺，送入口中，顿时天旋地转，瞬间，涕泪横流。B 君问道："您为什么要哭？" A 君稳定了一下情绪，擦了擦眼泪："我想到了我死去的父亲。"随后不久，B 君也尝试了一勺这神奇的绿色食品，A 君看着他吃，没有阻止，心里有种陷害般的暗喜。B 君当然不例外地痛哭流涕。A 君问："您为什么哭了？" B 君答："我想到了您死去的父亲。" A 君惊讶道："您认识我的父亲？" B 君继续哭："不认识，但是他死的时候，为什么不连你一起带走！"

这可爱的绿色食品，正是芥末。

芥末（わさび，Wasabi），中文读起来，像是"寂寞"，打字手残的话，也很容易打成"寂寞"。不过芥末的成分，可比寂寞复杂得多，它一点儿也不甘寂寞，是种很"色情"的调味品，有色，并有情，"绿绿的哦青色的，点缀在盘里那么诱人的，迷恋我或害怕我，就算不爱我也有一天叫你眼泪落"（《芥末之歌》）。像冬日的大海，外表风平浪静，内里汹涌澎湃。它的

わさび

卖相很乖很讨喜,清雅的绿色,看起来人畜无害,但是却腹黑得很,如果不防备,让它耍个性子攻陷你的味觉阵地,绝对杀个片甲不留。

吃过芥末的人,再次看到这种食物,没了第一次的冒冒失失,多了点儿小紧张,但又有点儿小兴奋,跃跃欲试,既恐惧,又渴望,心中想着,总不至于吃死我吧,忐忑地蘸上那么一点点,唔,没什么嘛,继续啊。哇,不得了,吃了不得了的东西啊,像有炮弹在口腔中炸开,瞬间周围的一切都被隔绝了,声色触嗅灰飞烟灭,只剩这种霸道的味道,狂轰滥炸,杀人于无形。闭上眼睛,泪也会飙出来。渐渐地,挺过来了,张开模糊的泪眼,回到人间了,口中唯余一点儿小辣。是自虐吧,这种炮弹,为什么还想再来一发?那种爽到灵魂的感觉,欲罢不能。

你有没有听过,传说中令人闻风丧胆的逼供圣药?

《韩城攻略》里,看着有人被喂了一大口北海道芥末,真正揪心了一把,执刑者还在旁边一本正经:"小弟今天介绍给你的是,无论你有受过严格训练,或者你没受过严格训练都一样难以承受(的逼供圣药)。"(据说敬业的演员动真格的,为了演得逼真,用了真材实料的芥末。他大概没有想过后果如此严重,吞了一大口,又被抹了一脸,皮肤敏感,差点儿毁容,吓个半死。)

即使真正的勇士,斗得过苍龙,驯得服猛虎,也不敢对芥末掉以轻心。不信?吃一大

口试试？保证从地狱到天堂轮回一周。因此有吃辣椒比赛，有吃大蒜比赛，却很少有吃芥末比赛，因为这实在是太惨无人道。曾经看过网络视频中，愚人节比拼吃芥末，吃黄色芥末粉的，不出三秒，准噗地喷出一股黄烟，仿佛妖魔出行；吞绿色芥末酱的，则默默无语两眼泪，耳边响起雷鸣声，捂住脸做悲伤状，其实是在试图抵抗这肆虐于咽喉的绿色魔王。

这种外表温顺内蕴生猛的食物，我国从周代就开始食用了。中国目前的辛味主流是辣椒，辣椒这种东西，从明代才开始传入我国，在此之前，寒冷和湿气较重的日子里，何以解寒？除了葱姜蒜，也食芥末。据周代的记载，芥末是一种自然的草药，蹊跷的是，《本草纲目》对芥末的描述 —— "南土大芥，味辛辣，结荚，子大如苏子，而色紫味辛，研末泡过为芥酱，以侑肉食味香美。…… 望梅生津，食芥堕泪。"仅仅止步于调味品，未说它有何杀菌驱虫的功效。这究竟为何？还要从芥末本身入手。

汉唐很多食物传入日本，因此日本饮食中，有很多中国痕迹，都是东方饮食，交融借鉴，没什么出奇的，中国也不乏胡食不是？但是芥末却不一样，原来在日本本土，有一种特别的植物，叫作山葵。正宗日本料理中的芥末，本质却是山葵（Wasabi）。

而《本草纲目》中记载的芥末，却是芥子末，由芥菜的种子研磨而成的，呈色淡黄。清代《澄海县志》中记载："物产、菜类、芥菜，气味辛烈，其叶可用盐渍，其子为芥，一物可作两用。"这与《本草纲目》中记载的，应是同一种芥末。

虽然这两个都是磨成末使用，感觉上大同小异，却仅仅是表兄弟。而作为表弟，山葵生长在深山间，出身高贵，它含有大量的异硫氰酸酯，能够抑制微生物生长。

芥子末虽然是表哥，却无法代替表弟，一则做法大大不同，二则不含抑制微生物生长的物质，所以仅仅是调味品而已。

那么珍贵并且稀少的山葵，却能在每个普通的寿司店，甚至超市的调料货架上随意接触到。我们吃寿司的时候，遇到的是不是这种山葵酱呢？

山葵是芥末的山寨货，这种假冒，承袭的是悠久的文化。而这个山寨货，也有它的山寨，就是辣根。

辣根来自欧洲、土耳其，产量颇丰。从植物学上来讲，它与山葵更近一层，是山葵的亲兄弟。它的异硫氰酸酯含量，虽然没有山葵哥哥的更纯粹，但人类的舌头，却很难判断出高下。于是它穿上绿衣，出现在各个角落，到了我们的口中。

人的味觉比人心更宽容，只要是喜欢的滋味，管它什么来头，统统笑纳，哦，准确地说，是流着眼泪笑着接受。

辣根除了口味特殊，还有利尿、兴奋神经之功效，甚至能抗癌 —— 转了一圈又回来了，这种"山寨芥末"还是能够药用的嘛，难道说，周代的那种作为草药用的"芥末"，原料竟然是辣根？然而时日久矣，史籍湮没，无从可考，我们不能不负责任地由此推导，在周代

芥末

时，中西就有了饮食文化的交流。假设要大胆，求证须谨慎。

抑或，曾经的周代深山中，有着辣根或山葵？不食周粟的伯夷叔齐，曾在首阳山误食过山葵，只是因为人们的过度采摘，而绝了踪迹？…… 真的想多了，也算对周代的饮食聊作怀念。

时至今日，不管是中国自古已有的芥子末，还是日本土生土长的山葵酱，或者西食东渐的辣根，在今天，我们都统称它为"芥末"。

关于芥末的起源，韩国人也有独特的看法，维基百科韩国版近日出现一篇文章，明确写着："韩国是芥末的原产地，生长于韩国与日本的河边或河里。"而韩国新闻网曾于今年5月28日报道称："韩国产芥末的香味远远优于日本产芥末，这在日本料理厨师界是公认的。"起源什么的，时日久矣，吃到口里，美味就好，谁在乎它是来自南非，还是源自北美？至于两种芥末哪个更好吃，这也公说婆理，没个基准。

芥末活跃于古今中外的饮食中，做酱料，搞凉拌，佐烧烤，面包里也加，炒菜里也放，各种明的暗的深入饮食。惧怕它的，听到名字就躲得远远的；喜爱它的，闻到味道就走不动路。但食用前，定要有一分小心翼翼——这种食物很促狭，一不小心就被陷害了。吃的人哭得深沉，看的人笑得猖狂。

在一些女孩子喜爱的零食里，芥末也另类地出现，芥末花生、芥末薯片、芥末饼干，连巧克力,都有芥末味的,"芥末巧克力,眼泪一滴,甜蜜无比,放嘴里,滋味霹雳无敌,会上瘾,尝一尝再来一口,甜蜜直达心头,加上芥末,感动能呛到月球"(《芥末巧克力》)。

然而这世界上毕竟有另类,《青芥刑警》里,"正直善良,连苍蝇都不忍心杀,更懂得怜香惜玉"的男主,爆发的时候却迅雷不及掩耳,一个直勾拳过去,就是海扁的开始。此人吃芥末时,像吃抹茶冰激凌,把酱料当主食,一口一口又一口,还赞赏"味道不错"。他朋友好奇死了,难道这家的芥末一点儿也不辣?尝试着蘸了一些,Oh, my God!满面通红加上眼泪喷涌,只能狂灌冰水。

这让人不由得想到一个故事。

毛泽东嗜辣,但因身体状况不能喝酒。一次宴请苏联友人米高扬,此人酷爱饮酒。国际礼仪,拒绝别人的敬酒是非常失礼的,更何况是宴请外宾,一举一动都被世界上无数双眼睛盯着。毛泽东就摆出一盘湖南朝天小辣子:"你喝一口酒,我就吃一枚辣子。"米高扬不屑,吃辣椒有什么了不起,尝了一口,辣得崩溃了,不敢再向毛主席提议饮酒。

看来嗜辣也是一种才能,那么,爱吃芥末,会吃芥末,很擅长吃芥末,算不算一种天赋?

2
抹茶

说到抹茶,不能不提到斗茶。

有人会说了,茶叶又不是鸡和牛,怎么个斗法?

斗法多着呢。

曾经在杭州的清河坊,看见有店小二倒茶,茶壶离茶杯一米多远,人家摆着各种造型倒进去,或白鹤亮翅,或反弹琵琶,像跳舞一样从容自如,围观的人一阵阵紧张,很怕他一个不小心,滚烫的茶水溅人一脸。但茶水却蛮听话,如银色长虹般跃出壶口,在空中画个

抹茶

漂亮的弧线，然后稳稳当当地落在小巧的杯中，没有一滴洒出来，让人望而兴叹。熟能生巧，行行出状元，《卖油翁》中，从卖油翁那儿悟道的神箭手陈尧咨，也不过如此吧。

　　虽然这并不是传统意义上的斗茶，只是店小二之间功夫倒茶的比拼，却已如入化境。

　　斗茶（闘茶），讲究色香味技。比较传统的斗茶，便是抹茶法。

　　抹茶法流行于我国的唐朝，盛于宋代，"夫茶之为民用，等于盐米，不可一日以无"，元时依然很火，到了明朝却销声匿迹，而隔海的扶桑之地，却渐渐兴起抹茶。

　　抹茶法，唐代时遣唐使将其随着茶礼一同带回日本，在明代的中国消失，却于此时的日本盛行起来。

在群雄逐鹿的日本战国时代,武士出征前,统兵大将都要在阵地前沿举行茶事,鼓舞士气。死生一瞬间,如朝颜之花,生何求,死何为?

宁静的茶室给了他们精神诉求的空间。放下一切烦恼忧惧,轻磨慢碾,用白羽将磨好的碧绿茶末扫入碗中,冲入沸水,茶筅扫过的声音空灵宁静,如冥冥来世,细品苦尽甘来,静下心思,茶会告诉你要去的路。

此种茶事,如同佛教的法事、战前的亡灵序曲,抚慰着武士们,消除他们内心的紧张与狂乱,让他们舍生取义而悍不畏死。

抹茶,是以遮阳茶为原料的。98% 的阳光照射被芦苇稻草做的帘子挡在外面,提高了茶叶的香气品质和营养物质,经过蒸青后,颜色更加碧绿,苦味也所剩无几,然后不经揉捻,烘干成大片的荒茶,有的更制成大块的茶饼待用。

将茶饼捣碎,成为碾茶后,再由茶磨缓慢而艰难地碾磨,得到少少的一点儿绿色粉末,就是抹茶。

此后,将这点点精华的抹茶放入碗中,沸水点汤后,用茶筅以"W"的轨迹将茶末打匀,并打出泡沫,通过色泽、汤花、水痕来辨别抹茶的高下,这也是斗茶中品评胜负的标准。

一套流程下来,各种复杂,但做到极致,便是艺术。

这种艺术,在我国明代消失了,是挺让人心痛的。

明代的开国皇帝朱元璋,放过牛,当过和尚,还做过小商小贩,深知民间苦,对民间吃抹茶玩风雅十分不屑。喝个茶而已,又不能饱肚子,过程还忒复杂。做成茶饼,又是包装,又是镏金,浪费! 送来送去,互相攀比,恶俗! 什么风雅艺术,放屁! 劳民伤财,浪费时间,有这个工夫,还不如多种两亩地。是以他当了皇帝后,遂改为贡散茶。而在民间,泡茶风也逐渐兴起,不但文人雅士追捧,就连平民百姓,抓把茶叶冲点儿水,就是时髦的饮料,何乐而不为。

泡茶看起来漂亮,闻起来香,喝起来口感也不错,而抹茶相对来说,又繁复,又价值不菲,渐渐地,就被国人遗弃了。

好在它落户东洋,直到今天,我们还能尝到这种沉淀了千年的味道,这种亦悲亦喜的

抹茶

感觉,正如在大英博物馆,看见了敦煌壁画。

那么,为什么在日本,抹茶能够如此盛行呢?

在中国被抛弃的抹茶,却被日本茶人奉为"茶中翡翠",喻其"其色如碧,珍贵如玉"。

日本人的性格,跟其环境有很大关系,虽然风景很美,但资源匮乏,天灾人祸不断,看一集电视剧,收到七八个地震预报,这种居于危地还要若无其事地生活的境况,使其心性动荡而容易不安。而茶,正是一种调剂。茶是水与火的艺术结合,抹茶的缓慢与繁复,正适合性格的磨炼,它的静与内涵,也是一种精神的包容。

抹茶淡淡的香味,又有些粽香或海苔的味道,清醇自然,长期饮用,又养生长寿。

据说喝30杯绿茶的营养,才抵得上一杯抹茶。而抹茶的制作工艺,不但使茶本身的营养物质提高并得到大量的保留,同时也降低了咖啡因的含量,从而减弱了对精神的刺激,只留下了好味道与丰富的营养。

在日本茶道中,"抹茶道"与"煎茶道"虽然并行,但时至今日,古老的"抹茶道"却更有代表性,追随者也比"煎茶道"更多。而抹茶的文化也更有精神指导,讲究"和"、"敬"、"清"、"寂"。就是说,喝茶的时候,不要打打闹闹,相互之间要懂礼貌,保持内心的纯洁,聚精会神忘记欲望,既让茶来清理自己的肠胃,也让茶道来清理自己的精神。一期一会,真诚而执着。

然而在快节奏的现代生活中,找间茶室,花上三五个小时去喝杯茶,对于大多数劳碌奔波的穷忙族来说,既没这个心情,也没这个条件。但茶具有魅惑的魔力,那种味道,无论如何还是想念啊。于是抹茶便融入了饮食,做成各种各样抹茶美味。

抹茶蛋糕、抹茶冰激凌、抹茶布丁……只要能想到的吃食,都被尝试过添加抹茶。养生的说法是可以排毒,时尚的说法是帮助瘦身。其实抹茶食品真正诱惑人的,是那种逗人食欲的绿色和清爽的茶香。

商业化抹茶的大量加工,使得抹茶的味道成为一种时尚,即使在对抹茶陌生的今日中国,也有了抹茶的生产。

抹茶也是一种健康生活方式的代表,既然一杯抹茶相当于饮用 30 杯绿茶的营养,在快节奏的现代,喝茶变成吃茶,既时髦又实惠。

《茶经》云:"茶之为饮,发乎神龙,闻于周鲁 …… 久服醒脑凝神,开五官,如入无欲之境。"神龙,指的是神农氏。据说神农氏尝百草的时候,看到草就乱嚼,中毒了,以为自己要去见阎王了,结果树叶上的一滴水正巧滴到他口里,刚好把他的毒给解了,他就摘下那树叶吞到肚子里。这个神农氏也奇怪,他的肚子是透明的,树叶到了他的肚子里,游来游去,像在检查什么,神农氏觉得很好玩,就把这种能解毒又喜欢搞侦查活动的植物叫作"茶"(查)。

明代以前,中国人都是吃茶的,明代以后,茶却仅仅成了饮料,有营养的茶叶变成残渣,被随意丢弃。除了少数地区,像杭州龙井村这些茶源地,会将茶叶入菜,民间很少"吃"茶。

但愿抹茶的兴起,也能为我们带回吃茶的旧俗。

3
清酒

有一种可爱的动物,叫作獭。它喜欢吃鱼,经常在水边捕鱼,然后一条一条地拖上来,整齐地晒在河岸上,自己却不吃。乡民认为獭有了神性,这是在祭天?

在日本民间文化中,獭泛指狐狸、山猫或者是浣熊,但更多的指的是獭狸。獭狸毛茸茸笨笨的,走路摇摇摆摆,四处卖萌。

但事实上，獭真的是准备修炼成仙，在向上苍祭祀吗？

当然不。

它只是挑食而已。獭捉到鱼，拖到岸上，只吃鱼身上最鲜美精华的部分，其余的弃之不顾。小肚子只有那么大，能装的食物确实有限，当然要装自己最喜欢的。

犹如造酒，取米之精华，造饮之纯酿 —— 要不怎么说，酒是粮食精呢。

"獭祭"在日本，也是一种清酒的名称。所用的原料是高级酒米 —— 山田锦。这不仅是在暗喻，所饮之酒，是像獭狸吃鱼一样，取了粮食的精华，也是想借助大家的想象力，给酒赋予一些獭一样的神性吧，既是在夸饮酒者，又在夸自己的酒呢。獭虽然主观上只是挑食，但是它吃剩下的鱼，却惠及了那些饥饿的山民，是苍天借助獭在帮助这些人。獭祭，同时也有报恩的意思。

此外，獭狸又是挺迷糊很好玩的动物。在《文福茶釜》里的狸，明明是个笨蛋，却又偏偏装作狡猾，一副不好惹的样子。玩火烧到自己的尾巴，还喜欢偷喝别人家酿的酒，喝得醉醺醺，就大大咧咧地就地一倒，四仰八叉地在别人庭院里呼呼大睡。

在日本人眼里，清酒是神的恩赐。

日本旧俗，每年的成人节（有点儿类似中国古代的冠礼、及笄），元月15日，年满20岁的青年男女，纷纷穿上传统盛装，三五成群地结伴到神社，拜祭神灵，感谢保佑，并祈求在今后的人生中，能被诸神"多多关照"，顺风顺水。而此后，会聚在一起喝杯清酒，表示自己已成年了（日本有禁止未成年人饮酒的法规），由此可见清酒在日本人心目中的地位。

而下班后归家的人，也会在途中的小

獭祭

酒屋点清酒,喝一杯再回家,消化一下白日的酸辛苦辣,带着微微的迷醉,踏上回家的小路。

喝清酒的时候,讲究也挺多的。

虽然清酒有点儿像我国的白酒,但是却不能像东北大汉那样,对着高粱白的瓶子吹喇叭。首先,要将大瓶中的清酒,倒入小瓷瓶里。这种小瓷瓶,有点儿像化学试验里的烧杯,更类似于我国古代的温酒杯,敞口、收颈、大肚,非常古朴,可以防止酒气发散、香味跑光,便于边喝边侃大山,也便于温酒。所以在喝清酒的时候,有温有凉,四季平常,冬天温温热热地下肚,暖了五脏六腑;夏天用冰块镇镇,清清爽爽地畅饮,图个快活。

将小瓷瓶里的清酒,倒入精巧的小酒杯里,欣赏着酒的清澈,嗅着醇美的香气,总能让人忘记一天的疲劳,把忧虑与不快,顺着酒灌到肚子里,免得它们在眼前脑海晃来晃去,讨嫌碍眼。

清酒之所以受到日本人的青睐,还在于它能够去除鱼的腥气,增加食物的鲜嫩和香味。一杯清酒,或清新香甜,或醇和适口,佐以美味精致的日本料理,在此时此刻,人是自由的,虽不能选择如何生存,却可以选择吃什么,不用顾虑别人的看法,按照自己的喜好,

自娱自乐。因此有人调侃哲学上的三大命题 —— 我是谁,我从哪里来,我要到哪里去,被现代人简化成了:早餐吃什么,午餐吃什么,晚餐吃什么。在美酒面前,一切困扰算神马?那都是浮云。

喝清酒的时候,如果被人敬酒,礼貌的做法是喝光杯中残酒,等人敬酒后,仰头一口喝干,方不负敬酒人的美意。而被人敬酒了,礼尚往来,又要回敬的,被回敬的喝了又敬酒,初饮时没什么,循环往复地觥筹交错几圈,酒的力道就上来了,入口时的那般绵软,已经变成了脚软,走出居酒屋的哥儿几个,仿佛卖油郎独占花魁里面的"花魁娘子",足弱不能行矣。偏偏日本人喝了酒还能歌善舞,手舞足蹈跳大神儿,兴奋地跑调到西班牙去,歪歪扭扭跌跌撞撞,再加神神道道哼哼唧唧,在秋风瑟瑟的夜路招摇过市,好似百鬼夜行。

清酒度数不高,大约在 15—17 度,高于一般的啤酒,低于一般的红酒。它的口味极清淡爽利,也不易上头,适度饮用,有酒的陶醉感,却不至于失去理性。

有笑话说,在品酒会上,有人给老鼠灌酒。清酒喝一杯,三步倒下;威士忌喝一杯,两步倒下;二锅头喝一杯,老鼠竟然摇摇晃晃地走回老鼠洞去,大家刚要嘲笑二锅头,忽见老鼠蹿出洞来,拎着一块板砖,大喊着:"猫呢,猫在哪?"威武雄壮地扬长而去。清酒低于

20度,威士忌一般40度,二锅头一般60度,老鼠先生很好地衡量了一下酒精度数对人体神经的作用。假如它的酒量再好一点儿,多喝两杯清酒,说不定会拉着猫的爪子,在品酒会上一同载歌载舞。

虽然度数上相差较大,但清酒的制作工艺源起,却与白酒密不可分。

我国上古就有粮食造酒的传统,到了周代,造酒逐渐形成规模。

《周礼注疏》记载:"酒正不自造酒,使酒人为之,酒正直辨五齐之名,知其清浊而已。"周礼中的酒正,是酿酒机构的官员,他不自己造酒,而负责辨别酒的高低清浊,类似于今天的品酒师。到了汉武帝时期,东征西讨,在朝鲜半岛设乐浪等汉四郡,酿酒技术传入半岛。

《古事记·应仁记》中记载,"又秦造之祖,及知酿酒人,名仁番,亦名须须许理等,(自百济)参渡来也。故是须须许理酿大御酒以献,于是天皇宇罗宜是所献大御酒而御歌曰……"这是在说,有一个叫须须许理的百济人(百济在朝鲜半岛),与其他人一起,漂洋过海到了日本,给日本带去了"大御酒"。秦造之祖,有可能是朝鲜土著,也有可能有中国血统,其实并非秦始皇的子孙,可能为了抬高身价,而说自己是帝王的后代 —— 反正不管他是谁,总之为日本带来了新的酿酒技术以及酒曲。

这种新的酿酒技术,结合日本本土的粮食酒制作传统,"人性嗜酒"的日本人逐渐研发了各种各样的酒,造酒工艺也不断提高。

最开始,日本基本还是小作坊的发酵酒,所以米酒还是相对浑浊的,不像我国蒸馏出来的白酒那么纯净透彻。但是高手在民间,山人有妙计,在酿造清酒的过程中,流传着这样一个故事。

明治时代,在大孤,有一个名叫善右

卫门的小商人，经营着自制的米酒。一天，他与仆人吵了一架，仆人嫉恨他，想办法报复。在晚间，仆人偷偷地跑到酿酒作坊里，将炉灰倒入刚刚做好的米酒桶内，废掉你的米酒，哼哼，敢欺负小太爷，让你吃个大亏！然后趁夜逃走。次日清晨，善右卫门起个大早，来到酒厂，惊讶地发现，浑浊的米酒变得如此清澈！他细心地看了一下，在桶底部有一层炉灰。他心念一动，明白了是炉灰让米酒变得清澈，于是开始尝试使用炉灰来过滤米酒，终于使浊酒变得清澈，却不失香醇的味道。

日本早期传说里，更有一种"八酿酒"，《日本书纪》里，日照大神的弟弟素戈鸣尊用八蒸八酿的美酒，灌醉了专吃美女的八岐大蛇，用十握剑，把大蛇斩成一段一段的，为民除害。

《齐民要术》中记载了"九酿酒"，也是八蒸八酿，加工越精细，所得酒越醇厚。在日本，通常是"三挂法"，即三蒸三酿，这与中国的民间造酒法也颇为相似，但是又大不相同，日

清酒

本的在三蒸三酿后,酒精的度数不会有大的变化,但是甘醇却更进一步,而中国也有很多是三蒸三酿,却多了一步蒸馏,使每次的酒精纯度升高,提高了酒的烈性。《笑傲江湖》里,丹青生用三招剑法换来的十桶三蒸三酿的葡萄酒,就是经过反复提纯的高度酒,虽然入口醇香,却烈性十足,以至于令狐冲畅饮之后,被人卖了还帮人数钱。

在三蒸三酿之后,经过滤提纯、低温加热消毒后,才得到澄清的酒体,是为清酒。

人分三六九等,木分花梨紫檀,在酿酒的选材和制作过程中,清酒的品性也较出了高下。

酒色清浊与否、味道是否甘醇无异味等等,都是划分清酒等阶的标准。大米在反复研磨下,留下了精华部分,酿成的酒,才是好酒。"若淘米不净,则酒色重浊",不仅如此,糙米的外层,还容易产生杂味,要精心配料,悉心酿制,才能酿出高级的吟酿和本酿造酒。正如好人品,需要炼心,去除杂念,不断在知行合一的过程中寻求正确的天理良知,才能由内而外地身心兼修,达到高尚的精神境界。

二战期间,由于米价随战事上扬,成本提高,清酒的酿造也乱七八糟。清酒被商业化的酒精勾兑,搞得乌烟瘴气,以至于老人们叹息,这种低劣的清酒,是"乱世之酒",怀念此前纯正的清酒,赞为"太平之酒"。恰恰于此之时,洋酒和啤酒也渐渐乘虚而入,清酒越发惨淡经营。

在现代,酿造技术的不断提高,使清酒逐渐回复元气,也使很多著名的清酒,随着产量的提高,走进了寻常百姓的餐桌。神户的菊正宗、京都的月桂冠、伊丹的白雪、神户的白鹤、西宫的日本盛和大关等等名酒,普通老百姓也能尝得到好滋味。

时至今日,日本清酒更是品种繁多,有高端的品鉴,也有走平民化路线的。下班之后的一小杯清酒,或豪放地歌之舞之,或与相熟不相熟的酒友吐吐心酸事,缓解生活带来的压力,也何尝不是人生妙事?

《料理仙姬》中的阿仙桑,漂亮可爱的小妹子,是传统料理一升庵的老板娘,每次晚饭后都要一杯清酒,小狐仙一样眯着眼睛,兴奋地陶醉在美味的香醇中。在现代文化的侵蚀下,很多传统的东西纷纷破碎,只能守望,无法阻止,仅能于半醉半醒之间,在自己的心之净土上，为它们保留一席之地。

4
味噌

　　民间有种说法，老鼠吃了盐之后，会长出肉翅，变成蝙蝠。

　　无独有偶，"童话大王"郑渊洁的笔下，大头托托误食了蚂蚱兵的盐，身体变轻，飘浮到了天花板。

　　味道有神奇的力量，在食物中，它是大自然的馈赠，美味面前，人常常飘飘欲仙。

　　味噌，这种传统的核心调味品，在辅佐食物变成美味的过程中，具有魔术般的奇迹效果。

　　"你愿意每天早上帮我煮碗味噌汤吗？"在日本，如果一个男子很郑重地如此问他心仪的女子，那么，这个女子会感觉很幸福吧，有人表示愿意与她共度一生呢，这是一种非常

味噌汤

味噌汤

委婉却温馨的求婚方式,等待着她的,是细水长流到永恒的爱恋。

在日本味道中,味噌,代表着一种营养与健康的生活方式,也代表着一种本乡本土的温暖情结。

冻手冻脚的季节,起床是件让人痛苦的事情。但是,等等,朦胧中,那是什么味道?如此醇鲜,还带着淡淡的甜,温柔地飘浮在美梦之后?赶紧起来吧,那是味噌汤在召唤,我在等你啊,亲爱的。心爱的女人捧上餐桌的,是一碗香醇无比的汤,暖融融地冒着热气,驱走生活迷茫苦累中的冷,这是家的味道。

散文家森茉莉曾经描绘她落魄时的陋室："在银色锅里，一个一个用盐磨洗到几乎发亮的蚬、三州味噌、白味噌、白鹤牌清酒、酱油、特级柴鱼等，已做好味噌汤的准备……"即使贫困潦倒，你也无法阻止我享受香浓的味噌汤——正如德军攻陷巴黎时，巴黎的女人却人手一束玫瑰，没有什么磨难，能阻止我们把日子过得美好。

"味噌"这两个字，大部分国人未必能读得正确，因此，又有"味增"这个写法，虽然白字儿，却也贴切，酱料嘛，说白了，就是增味。味噌的读音，有点儿类似"未曾"，听起来有种淡淡的失落，仿佛有未竟之事，所以需要用香醇的味道，来填补这种失落。

时至今日，很多食物都是文化交流的产物，中国在先秦时期，就已经有了成熟的制酱法。制酱技术传入日本后，进一步发扬光大，如果说人类的历史都是在嗅着盐的味道前行，那么日本历史则离不开味噌，这种庶民的美味，在食物匮乏的时期，是一种能够同时摄取多种营养的健康食品。

在飞鸟时代，味噌已经在日本落脚。不过当时味噌尚未融入汤中，仅仅是一种作料，日本的先民，围在一起，舔食味噌。在肚子里油水少的时候，味道便成了一种幸福。这也是为什么在欧洲中世纪的时候，香料在一定的时间和地域内，竟成为一种"货币"。

镰仓时代后，味噌终于能化入水中，味噌汤的时代开始了。

一碗稻草烧熟的喷香米饭，配上一小碟随意的菜、一小碗浓郁醇美的味噌汤，即是传说中的"一汁一菜"。孔子提倡，有饮有馔，堪称饮食，菜可无肉，不可无汤。味噌汤的简便、美味、营养，使它逐渐变成了饮食习惯，沉淀为一种传统。

室町时代后期，到战国时代前期，味噌又在战争中占领一席之地，成为军中普及的军用食品。据说，战士们挖出芋头的根茎后，用味噌煮好，再晒干当作绳子使用，味噌能够让这种根茎结成的绳子更加坚韧，而在不绑东西的时候，这种绳子又被剁碎，放入汤中，既饱腹，又补充营养，如此智慧的饮食，比今日的速食面还要嚣张，你见过可以绑东西的速食面吗？

战乱结束后，这种美味而简便的汤，逐渐渗入人心，出现在寻常百姓的餐桌之上。一碗热热的味噌汤，不仅让身体变暖，也会从内心深处生发出一种活泼泼的力量。

在日本,能不能煮好味噌汤,曾经是衡量一个女子是否能成为合格主妇的标准,就如古代中国,能否做出好吃的面食,也是婆婆挑儿媳妇的标准。家里有好的味噌,也是一种炫耀,正如江南的待嫁女,家中总有几坛陈年的女儿红;山西的新嫁娘,要抱着醋坛子去夫家一样。

每颗大豆,如入伍前的士兵,都要精心挑选。饱满圆润,新鲜而不潮霉,坏掉的、不完整的豆子,要踢出队伍。在清水中,让它们静静地沉睡一夜,早起唤醒它们,上锅煮熟,捣碎。传统的方法,是将煮熟的豆子放在大木桶里,一家人通通跳进木桶,一边踩碎,一边摆龙门阵,拉家常。加盐拌匀后,静止到不冷不烫,近似人体的体温,开始贮藏静置,等待它慢慢发酵,缓缓成长为美味的味噌。

等等,你会说,喂,我家乡做大酱也是这样嘛,黄豆酱、豆豉酱、东北大酱、各种酱……原理相同,但因制作工艺细节的不同,才会有千般滋味。就连味噌本身也是五花八门,有黄豆做的豆味噌,也有麦子做的麦味噌,还有米曲酿造的米味噌。口味有甜有辛,有浓有淡。又因其产地的自然环境和风俗不同,而各具其味:信州味噌重口味,辛辛辣辣咸中得味;关西甜淡清和,白味噌和九州味噌都是入口回甘。亦如华夏饮食,南甜北咸,东辣西酸。

食味噌,也是在食文化之味。经过千年的演进,这种味之上品,也逐渐成为一个味道大家族,而家族的各个成员,也逐渐在各类美食中发挥作用,佐入日式、中式、西式的料理与菜系中。最古典的吃法是作为酱料,当然,当今社会基本很少人在公共场合,舔着吃一样美食,即使为了纪念文化,也观之不雅。无论是与沙拉同流合污还是跟海鲜勾勾搭搭,它总是能恰到好处地,捕捉人对味道的欲望,无论烧烤还是烧菜、炖鱼还是炖肉,融入味噌,别有一番诱惑的滋味。

当然,最推崇的,还是味噌汤。鲜嫩豆腐切小块,烧沸一锅白开水,放入豆腐与海带,加入味噌转中火,缓缓搅匀滋味好,水开之前要出锅 —— 简易的是做法与用料,变易的是浓淡与甘辛,不易的是美味与营养,深得易经之道。

在添加剂与防腐剂横行的时代,国人非常无奈:"长寿的秘诀,是保持呼吸,不要断气。"而喝着味噌,喝出了一种养生的感觉,对生命的珍惜,对生活的爱,对自然的皈依。

连猫猫狗狗的主人们,都倡导给宠物们吃"天然粮",人,为什么不能对自己好一点儿呢?

味噌中含有的大豆皂精,抑制糖与脂肪的吸收,可以轻体瘦身;类黑精预防血糖急速上升,同时排除毒素、抗疲劳,如果长久地食用,甚至可以减少癌症的患病概率。

1940 年,日本颁布了《米谷强制上市命令》,鉴于战时粮食紧缺,味噌同米盐油糖柴一样,凭票供应。而十年后的中国,在"土改"后控诉旧社会时,有位大妈曾悲愤地哭诉:"旧社会苦啊,我那时 48 天没吃到大酱!"

想想那战时日本的某个角落,是否也会有位日本大娘哭诉:"战争时代伤不起啊,喝碗味噌汤还要用粮票!"

后记

受朋友之邀，合写这本书，因为被他发现在千里之外，还潜伏着一个旧相识的"吃货"。写这本和饮食有关的书，是兴趣使然，也是因为心底有一些感叹，想要把这些念与想做成一道料理，供大家品尝。

隔海的国度，要说了解有多深，这个真不敢说，就算常住当地多少年，也未必能完整地掌握其精神脉络。但即使如此，一直在注视的话，也会有所斩获，就像写了《菊与刀》的鲁思·本尼迪克特，即使不踏足日本，也能在地球的另半边，将一个远方民族的性格把握得八九不离十。

日本是个很珍视传统的民族，他们对饮食的讲究甚至到了苛刻的程度，有一种紧抓传承下来的东西，失之毫厘就怕谬以千里的紧张感。这种对细节的循规蹈矩，竟然能达到如宗教信仰般的虔诚，其实也是一种自我认同感在作怪，不想失去自我的本味，害怕失去本味，因为失去自我，就意味着完全的空寂。在佛教中，纯粹的空寂是参禅最忌讳的歧途。

前几年曾流行人体寿司，让日本寿司以变态的形式火了一把，用挑战道德底线的炒作模式，也仅仅达到吸引注意的目的，连风靡一时也做不到，而微博达人老罗甚至笑骂，取缔人体寿司，是因为餐具未经热消毒。

还比如鲸鱼。尽管鲸鱼是世界上最大的哺乳动物，智商很高，尽管受到世界动物保护组织铺天盖地的痛骂，日本仍执迷不悟无怨无悔地捕猎鲸鱼，因为他们声称，吃鲸鱼是他们的文化传统。

从版图上来看，日本在亚洲的地位并不突出，却屡屡做出震惊世界的事情，用了一百年的时间，就跻身世界强国，从被人欺负到别人不敢欺负。而战后，为了提高全民素质，官方倡导青少年喝牛奶。牛奶在便利店随处可见，在居家也当成普通饮料来喝，政府部门甚至为怀孕的妇女免费提供牛奶。在现今的日本，牛奶的消费量非常大，也因此，全民得到了实惠，日本人的平均身高提高了 10 厘米，可以说，一杯奶，长高了一个民族。

但也因为外来饮食的进入，传统料理受到了前所未有的冲击，日本人的饮食结构发生了巨大的变化，咖啡红茶、面包咖喱，有的融入日本料理中，有的依旧保持西风。

纯正的传统料理的生存空间已经越来越小，很多曾经的菜肴，因为手艺的失传和食材的消失，已经成为历史。在日本，你甚至能找到一些食品类的博物馆，比如酱油博物馆之类，而现今流传下来的传统料理，也终究会沦为活化石，只能在一些土洋结合的同化之物上，寻找曾经绵延千年的一丝味道。

这种情况，每个历史悠久的国度都会存在。在中国的一些深巷小街中，老字号寂静地寥落着，老师傅越来越少，学徒也不多，并且有天赋肯静心学的更是寥寥无几，处境艰辛更加需要唯利是图，材料免不了各种偷工减料。

记忆中那些美味都哪儿去了？是否在未来的某一天，后人也需要翻阅浩如烟海的资料，才能找到那些消失的美食？纵使电脑科技发达，能够摆出照片和原材料，可是失去那修炼多年的手艺，即使照猫画虎地做出来，恐怕也会走了味道。

对传统美食的凭吊，不是文化恋尸癖，而是一种担忧。一个民族如果失去了本来的味道，渐渐地就会忘记了自己是谁，来自何方，去向何处。

初到异地他乡的人，都有这种感觉，在陌生的街道上走着，即使风景再美，孤单的心情也无法抹除，茫然而失魂落魄。这时，如果看见了某个不起眼的角落里，正是家乡风味的小吃店，必然会毫不犹豫地奔去，找到那熟悉的味道，往昔的自己历历在目，吃着吃着，就渐渐地变得自信起来,迈出立足他乡的第一步。

不论是来自哪个国度,去向哪个国度,这种寻根的心情都是一样的,人同此心,心同此理。

日本料理中,有些东西虽然很朴素,但是很好吃,即使是头一次吃也无妨,毕竟以自然感为理念的料理中,人也会有"寻根"的感觉,来自自然的食材,给原本就来自自然的人吃,天生天养地契合着自然之道。

在料理中,你能吃出自然,吃出文化,吃出人类所走过的历程,吃出人对料理融入的感情。

如果明天是世界末日,你会做什么?

别犹豫了,当然是大吃一顿啊,很多人都会这么说。把以前想吃而没时间吃或嫌贵而舍不得吃的,都统统去吃一下。

不错,是要好好吃一顿,但芬兰有句俗语:"最好喝的咖啡,都是别人泡的。"

因此我想说,在这一天,要做最好吃的东西,给自己最爱的人,不论你的厨艺如何,用心去做,让她或他,记住你创造的心之味道,为来世的重逢,种下味的种子。

李洁

图书在版编目（CIP）数据

日本味儿/陈 杰,李 洁 著.—西安:陕西人民出版社,

2014

ISBN 978-7-224-11086-9

Ⅰ.①日 … Ⅱ.①陈 … .②李 … Ⅲ.①饮食 — 文 化一日本

Ⅳ.①TS971

中国版本图书馆CIP数据核字（2014）第061669号

出 品 人：惠西平

总 策 划：宋亚萍

策划编辑：关 宁 韩 琳

责任编辑：王 倩 王 凌

整体设计：左 岸

日本味儿

作　者　陈杰　李洁
出版发行　陕西出版传媒集团　陕西人民出版社
　　　　　（西安北大街147号　邮编：710003）
印　　刷　陕西金和印务有限公司
开　　本　787 mm×1092 mm　16开　13.5 印张
字　　数　160 千字
版　　次　2014年9月第1版　2014年9月第1次印刷
书　　号　ISBN 978-7-224-11086-9
定　　价　39.80元